英國情報機構 政府通訊總部前局長
大衛·奧蒙德 David Omand——著 孔令新——譯

頂尖情報員的高效判讀術

立辨真偽、快速反應、精準決策的10個技巧

How Spies Think: Ten Lessons in Intelligence

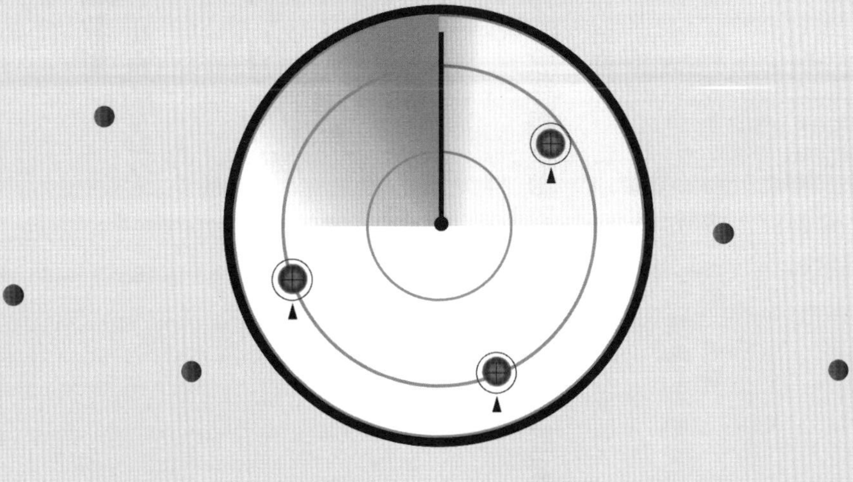

第1部 排列思維順序的四堂課：SEES分析模型

目錄
CONTENTS

第2部

檢驗推理過程的三堂課

目錄
CONTENTS

第3部

明智運用情報的三堂課

目錄
CONTENTS

第4部
鑑古觀今知未來的一堂課

序 為何我們必須汲取教訓，追求獨立、誠實、正直的心？

時值一九八二年三月，西敏市。「事態嚴重，對吧？」瑪格麗特．柴契爾（Margaret Thatcher）說道。她低頭閱讀我呈報的情資，皺了皺眉，然後抬頭看著我。

「是的，首相。」我說道。「這份情報只有一種解讀方法：阿根廷軍政府入侵福克蘭群島（Falkland Islands）的計劃已進入最終準備階段，很可能本週六就會發動攻擊。」

那是一九八二年三月三十一日星期三下午。

我當時是國防大臣約翰．諾特（John Nott）的私人秘書長（Principal Private Secretary）。我們在大臣的下議院辦公室內草擬講稿時，一位國防情報組（Defence Intelligence Staff）官員手持上鎖的公文袋，從白廳奔馳而來。公文袋內放有若干文件夾，我一看到深色的封面上印有紅色叉叉，就知道內含附有特殊代碼（UMBRA）的最高機密，代表這份文件來自政府通訊總部（Government Communications Headquarters，簡稱GCHQ）。

文件內容是截獲並解密的阿根廷海軍通訊，顯示阿根廷潛艦已啟航至史坦利港（Port Stanley）周遭執行秘密偵查行動，而阿根廷艦隊已結束演習，正在重新集結。另一份截獲情資顯示，一支特遣部隊將於四月二日星期五凌晨抵達一處不明地點。政府通訊總部分析海軍艦艇的座標後，判斷特遣部隊的目的地極可能是史坦利港。[1]

約翰・諾特和我面面相覷，心中只有一個想法：福克蘭群島淪陷將對柴契爾政府造成重大生存危機。此事必須立刻稟報首相。我們急忙穿越下議院的走廊，衝進她的辦公室。

根據上一份英國聯合情報委員會（Joint Intelligence Committee，簡稱JIC）的評估報告，阿根廷不想訴諸武力強行實現其對福克蘭群島的主權聲索。然而，當時有阿根廷國民非法登陸位於南大西洋的英屬南喬治亞島（South Georgia）。聯合情報委員會警告，如果英國對這些阿根廷國民做出高度挑釁的行為，阿根廷軍政府便有可能利用它當作行動的藉口。由於英國並沒有挑釁阿根廷軍政府的意思，所以政府當局錯誤解讀評估報告，放下警戒之心。因此，新的情資報告更顯得出乎意料。這是我們首次發現阿根廷軍政府已準備好訴諸武力，強行實現其主權聲索。

推理判斷的重要性

看到阿根廷突然間發動攻擊並造成福克蘭危機，當時的震驚感受至今仍深深刻印在我的記憶之中。此事令我了解思維上的錯誤能造成嚴重衝擊。因此，我撰寫本書的目標非常遠大：剖析情報分析官的思維，協助讀者提升決策品質。我將探討過去的經驗，說明要如何在這個特別的時代裡知道更多、解釋更多、預測更多。

從情報分析官的推理思維中，我們可以學到重要的人生課題。透過觀摩情報分析官處理問題的方法，透過探討現代史上的實際案例，我們將向他們學習如何排列思維順序，如何判斷哪些事情有可能發生，哪些事情不太可能發生，藉此提升決策品質。我們將學習如何運用系統化的方法驗證替代解釋，並判斷接獲新資訊後，我們的思維必須做出多大的改變。思維嚴謹的人會嘗試理解自身潛意識裡的情感如何影響自己的判斷。這種情感有可能出於個人，有可能出於身為團體的一份子，亦有可能出於身處某個機構之內。此外，我們也將探討陰謀論思維如何使我們陷入其中，以及刻意欺瞞的騙局是如何使我們上當。

無論是在家、在職場，還是在休閒娛樂方面，我們皆面臨抉擇。今日，我們的決策時間愈來愈短。在數位時代裡，資訊的來源比以前更加多元，我們被矛盾、虛假、混亂的資訊狂轟濫炸。

資訊氾濫周遭，我們被迫即時因應。龐大的勢力衝著我們而來，透過社群媒體散佈特定訊息和意見。被資訊淹沒的我們，究竟是比以前更聰明，還是更無知？今日，我們比以往任何時刻皆更需汲取過去的教訓。

觀摩情報分析官的做事之道

數世紀以來，軍事將領自然而然了解到情報帶來的優勢。現代政府則是刻意設置專業機構來取得並分析資訊，藉此提升決策品質。[2]英國的秘密情報局（Secret Intelligence Service，又稱「軍情六處」[MI6]）負責調度海外情報員，安全局（Security Service，又稱「軍情五處」[MI5]）和執法機構合作，負責調查國內的威脅，監控嫌疑人士。政府通訊總部（CGHQ）則負責攔截通訊並搜集數位情報。軍方在海外從事行動時也會進行情蒐（包括利用衛星和無人機搜集照相情報）。情報分析官的責任就是拼湊情資並撰寫評估報告，藉此降低決策者的無知程度。他們發現情勢、解釋情勢，並預測後續的發展。[3]

我們愈瞭解自己必須做出的決策，就愈不會閃避決策，愈不會做出差勁的抉擇，愈不會措手不及。我們所需的資訊可以多數來自公開資料，只要我們能充分謹慎地將批判性推理思維套用到這些資料上。

降低決策者的無知不一定是簡化。情資評估報告經常需要提出警告，向決策者說明實際情況遠比他們想像中的複雜，對敵人的動機必須戒慎恐懼，且情況有可能朝不好的方向發展。但知道真相總比懵懂無知來得好。對事情懷有錯覺，就有可能做出差勁甚至後果慘重的決策。情報分析官的責任就是向政府如實稟報。各位在做決策時，也必須對自己如實稟報。

情報員運用人力或科技侵入私密的個人通訊或對話，從對我們懷有惡意的獨裁者、恐怖份子和罪犯那裡竊取機密。因此我們賦予情報員特權，允許他們在工作上遵循不同於普世標準的倫理準則，理由是他們能減少大眾受到的傷害。[4]威權國家或許認為自己能省去這層考量，鼓勵情報員不擇手段達成目標，無論過程是否合乎法律或倫理。但對民主國家而言，此等行為有損民眾對政府和情報機構的信任，因此情報工作受到國內法律謹慎規範，確保符合必要原則和比例原則。

我必須在此澄清：本書的目的不是教各位如何窺探別人，也不鼓勵各位這麼做。我的初衷是探討**秘密情報世界背後值得我們學習的思維**。本書是理性思考的指南，不是為非作歹的手冊。

理性思考的並非毫無情感、毫無血肉的計算。詩人約翰．濟慈（John Keats）所提出的「否定能力」（Negative ability），指的是作者在無定、疑惑、懷疑的情況下，依然追求藝術之美。對從事分析思考的人而言，「否定能力」可以說是能忍受無知的痛苦和疑惑，而不急躁地為模糊不清的情勢或情感挑戰尋求現成或全能的確定性。如果要清楚思考，就必須採取以科學和實證為基礎的思維方式，同時又容得下發揮「否定能力」的空間，以保持開放的心態。[5]

情報分析官喜歡展望未來，但他們不會假裝是先知。無論我們如何用盡全力預測未來，未來總是會發生意料之外的事件。我們無從預知國家越野障礙賽馬大賽（Grand National）或印第安納波利斯五〇〇（Indy 500）賽車大賽的贏家，觀眾最喜愛的選手不一定出線。有時候，事件的組合方式似乎必然令我們感到疑惑。重要的是，如果我們透過情報，發揮自己善用風險的能力來採取行動，那麼風險也有可能帶來機會。

我做為情報界圈內人的切身經驗

情報機構為了重複成功經驗，通常不會張揚自己的成功案例，但失敗的案例有可能傳遍天下。無論是成功或失敗的案例，本書皆有收錄，並搭配若干我自己的親身經歷。我親眼見證數位世界的驚人發展，現在回想起自己初入職場的時候，實在是發人深省。一九六五年，我獲得第一份有薪工作，受僱於格拉斯哥的一間工程公司，在數學部門任職，其間學習如何以五孔打孔帶為輸入工具，為早期電腦撰寫機器語言。今日，我口袋裡的行動裝置能立即使用的運算能力，比當年全歐洲的加總還要強大。生活的數位化雖然帶來巨大利益，但也充滿危險，本書將在第十章探討。

我於一九六九年完成劍橋大學的學業並加入政府通訊總部，其為英國的訊號情報和通訊安全機構。我見識到他們的尖端業務，利用數學和電腦運算進行情報工作。我放棄原本攻讀理論經濟學博士的計劃（真的是非常理論導向），回絕在英國財政部擔任經濟顧問的工作機會，並選擇在政府部門從事情報、國防、外交和安全方面的工作。我曾在國防部擔任政策官，運用情報為部會首長和參謀長提供建議。我曾三度出任國防大臣的私人辦公室秘書，從一九七三年的卡靈頓勳爵（Lord Carrington）至一九八一年的約翰．諾特，前後共服務六任國防大臣，並親眼見識在政治危機當下做決策的重責大任。我見識到優質情報的價值，以及缺乏優質情報所產生的問題。我在北大西洋公約組織（NATO）位於布魯塞爾的總部擔任英國國防顧問（UK Defence Cousnellor）時，明顯看出軍備管制和外交政策如何受到情報所影響。擔任國防部的政策副次長時，我是個熱衷調閱前南斯拉夫危機作戰情報的高階官員，並以副次長頭銜加入英國聯合情報委員會（JIC）。聯合情報委員會是英國最高階層的情報評估機構，我為其服務共七年。

我於一九九〇年代中期離開國防部，回到政府通訊總部擔任部長。當時，電腦運算正在改變大規模處理、儲存、檢索資料的能力。我還記得，部裡的工程師興高采烈地向我報告，他們首次做出能穩定儲存一ＴＢ資料的快速存取記憶體。這在當時是一大突破，但今日我小筆電的容量就有一半之多。更重要的是，網際網路已成為專業人士的必要工作領域，全球資訊網（World Wide Web）愈來愈普及，微軟（Microsoft）新推出的Hotmail服務使電子郵件成為快速又可靠的通訊方式。我們當時就知道數位科技將深入日常生活的各個層面，因此政府通訊總部等機構必須徹底轉型，以因應新興趨勢。[6]

數位變遷的步調比預期中的快。當時，智慧型手機尚未發明，臉書（Facebook）、推特（Twitter）、YouTube等社群媒體平台及應用程式也尚未未出現。Google還只是史丹佛大學（Stanford University）內部的一項研究計畫。在這職業生涯的一小段期間內，我見證這些和其他革命性的科技稱霸人類世界。不到二十年內，我們在經濟、社會和文化的抉擇上，變得必須仰賴連網的數位科技，並學習如何與這些科技安全共存。

一九九七年，我出乎意料被任命為內政部（Home Office）常務次長，使我和軍情五處及倫敦警察廳總部（暱稱蘇格蘭場[Scotland Yard]）展開密切聯繫。他們利用情報調查並防制國內恐怖份子和組織犯罪的威脅。那段期間，內政部草擬《人權法》（Human Rights Act）並推動立法，對調查權力進行監督，在基本生命安全權利和個人及家庭生活隱私權之間維持平衡。九一一事件發生後的三年間，我繼續在內閣辦公廳擔任常務次長，成為英國首任安全和情報協調官（Security and Intelligence Coordinator）。我以該職位的頭銜重返聯合情報委員會，負責維繫英國情報界的健康，並草擬英國首套反恐戰略「CONTEST」。二〇二〇年我撰寫本書時，英國政府依然採用這套戰略。

我以情報界圈內人的身份，以及運用情報制定政策之高階官員的身份，精選秘密情報世界中的重要經驗，並透過本書介紹給各位。從刻骨銘心的教訓中，我了解到情報取得不易，而且總是零碎、殘缺，有時甚至錯誤。但我知道，如果在明瞭其限制的情況下穩定運用情報，我們便有能力扭轉情勢，為社稷謀福——各位的個人生活亦是如此。

SEES思維分析模型

我現任倫敦國王學院戰爭學系（War Studies Department, King's College London）、巴黎高等政治學院（Sciences Po）和奧斯陸國防大學（Oslo Defence University）的客座教授，專門教授情報學。我從經驗得知，應制定一個系統化的方法，剖析判斷的過程，並為判斷結果建立適當的信心水準。我把自行研發的模型稱為「SEES模型」。每個字母皆代表一項情報分析官觀察世界時所做的事情。這套模型涵蓋四種組成情報產出的資訊，分別來自不同層次的分析：

- **狀況認知**（Situational awareness）：知悉周遭所發生的事情，觀察自己所面對的情勢。
- **解釋**（Explanation）：分析我們為何觀察到這些事情，涉事人士有何動機。
- **評估**（Estimates）：預測在各種假設下，事件會如何發展。
- **戰略性關注**（Strategic notice）：瞭解有可能對我們造成長期挑戰的未來議題。

SEES四步思考模型的背後，有強大的邏輯依據。

以調查極右派暴力為例，第一階段就是盡可能瞭解發生什麼事情。起初，警方會接獲報案，請目擊證人作筆錄，並進行刑事鑑定。今日警方可透過社群媒體和網際網路挖掘大量資料，但這些資料來源的可信度必須謹慎評估。即便是經過證實的資訊，也有多種不同的解讀方法，有可能會遭致問題被誇大或低估。

我們必須賦予意義，藉此解釋實際情況。這就是SEES模型的第二步：根據現有的證據，建構最佳的解釋方法，並分析涉事人士背後的動機。刑事法庭上，檢察官和被告辯護律師會各自向陪審團解說自己版本的真相。例如，為何被告的指紋會出現在用來當作汽油彈的啤酒瓶上？這是因為丟擲汽油彈的人就是他，還是因為暴民從他的回收箱裡拿出酒瓶製作武器？法院必須測試這些說法，陪審團必須選擇自己認為最符合現有證據的解釋。證據鮮少自己說話。

調查極端份子的暴力行為時，第二階段就是瞭解這些人士集結背後的原因，理解他們的憤怒和仇恨背後的肇因，藉此建立解釋模型，並進入SEES的第三步：評估情勢未來的發展。或許，警方將會大規模逮捕涉案人士，接著極端份子的領導人被判有罪。我們可以評估逮捕和定罪導致暴力威脅和公眾恐慌減輕的機率。第三步為實證式政策制定提供依據。

SEES模型具有第四個必要步驟：戰略性關注長期發展。順著剛才的案例，我們可能也要探究歐洲各地極端主義活動的發展，並分析如果新一波衝突或氣候變遷大幅改變難民的遷徙途徑，將使極端主義團體發生什麼變化。這只是單一案例，在許多其他案例中，我們也必須預測未來發展，才能理性地做好因應的準備。

這套SEES四步模型可應用於生活中的任何情況。無論是工作上遇到的棘手狀況，還是你的球隊慘遭敗北，如果我們想了解發生的事情，事情發生的原因，以及未來可能的發展，就可以運用此模型進行分析。只要你擁有資訊，且想根據資訊採取行動，此模型便可派上用場。

可想而知，SEES模型的各個步驟皆有可能發生各類錯誤。例如：

- **狀況認知**：在評估現況上可能會遇到困難。資訊可能有殘缺，並使我們在發現新證據的時候不願意改變心態。
- **解釋**：剖析他人是一件困難的事，必須考量他們的動機、教養、文化、背景。
- **評估**：對於未來發展的預測，可能會被意料之外的事件破壞。
- **戰略性關注**：很有可能由於看事情的方式或對未來的可能情境缺乏想像，使得戰略性的發展被忽略。

這套SEES四步評估模型的應用範圍不限於國家事務，其本質是在思維的各個層面上訴諸理性。即便是在兩種糟糕的情境之間挑選，我們依然能運用系統化的推理方式，做出更明智的抉擇。如果要做到這件事，就必須有能力區別自己所知道的事情、自己所不知道的事情，以及自己認為未來可能會發生的事情。培養這種思維非常困難，需要一顆誠實正直的心。

佛家認為人心有三毒：貪、嗔、痴。[7]我們必須瞭解憤怒（嗔）等情緒如何扭曲我們對真偽的感知。我們可能會滿足於舊有的想法，催眠自己一切都在預料之內。這種依戀舊有想法的情結（貪），有可能導致我們對危險的發展視若無睹，最後危機爆發時反而措手不及。然而，最危險的心毒是無知（痴）。情報分析的目的就是降低無知，藉此改善我們在日常生活理智決策、明智抉擇的能力。

一九八二年三月那個重大的日子，柴契爾夫人一讀到情報就領會其中涵義。她知道阿根廷軍政府的計劃，也知道這對她的政府有何影響。她接下來說出的話顯示她有能力運用這項見解：「我得馬上聯繫雷根總統（Ronald Reagan），只有他能說服加爾鐵里（Leopoldo Galtieri，即阿根廷軍政府領導人萊奧波爾多．加爾鐵里將軍）取消這個瘋狂舉動。」

我奉命負責將政府通訊總部的最新情報分享給白宮與美國政府機構。首相府立即擬定柴契爾夫人致雷根總統的私人訊息，敦請雷根總統和加爾鐵里溝通，說服加爾鐵里保證不會授權任何登陸行動或敵對行為，並警告加爾鐵里對於任何入侵行為，英國絕對不會坐視不管。然而，阿根廷軍政府擱置雷根總統和加爾鐵里通話的請求，致使時間上已無從取消入侵行動。

兩日後，一九八二年四月二日，阿根廷果然展開奪取福克蘭群島的軍事入侵行動。當時島上只有一小支皇家海軍陸戰隊駐守，以及輕武裝的破冰巡邏艦堅忍號（HMS Endurance）在周遭作業，根本無法有效抵抗入侵行動。我們兩天前才截獲情報，而福克蘭群島太過遙遠，增援部隊不可能在兩日內抵達。島上唯一的機場沒有可供長途載人運輸機起降的跑道。

當時的我們缺乏情報帶來的狀況認知，不清楚阿根廷軍政府的計謀。我們不了解情資背後的意義，因此無法預測情勢的發展。除此以外，我們多年來沒有戰略性地注意到此事件有發生的可能，所以沒有採取任何能嚇阻阿根廷入侵的措施。SEES分析的四個階段中，我們每一個階段皆發生失誤。

這些都是血淋淋的教訓。

本書的架構

本書第一部的四個章節將探討上述的SEES模型。第一章討論要如何建立狀況認知，並測試我們的資訊來源。第二章討論因果和解釋，並探究如何透過貝氏推論（Bayesian inference）這個科學方法，根據新資訊來調整自己對特定假說的信心水準。第三章解釋評估和預測的過程。第四章的主題則是戰略性關注長期發展所帶來的優勢。

這四個分析階段中，每個階段皆有實際案例，教導我們如何避免各類失誤，避免忽視眼前的狀況，避免誤解觀察到的情勢，避免誤判往後的發展，避免缺乏想像力去思考未來有可能的情境。

本書的第二部共有三個章節，每個章節皆以實際案例解說要如何清淨自己的心思，並檢查自己的推理。

第五章探討認知偏誤如何下意識地把我們導向錯誤的答案（或完全無法回答問題）。預先了解這些人為失誤後，我們便能在犯下嚴重的解讀錯誤前意識到自己的失誤。

第六章則介紹封閉迴路的陰謀論思維所帶來的危害，並探討本應提高我們警戒的證據，為何經常被以方便的解釋掩飾過去。

第七章的教訓則警惕我們應當心操弄思想的刻意欺騙和假消息。錯誤資訊（misinformation）指的是無意間誤傳的假消息；惡意資訊（malinformation）指的是受到惡意曝光和傳播的真實訊息；謠言（disinformation）指的是遭到刻意散佈的假消息。今日，數位的文本和圖片很容易被操作，使問題更加嚴重。

本書第三部則探討生活中三個應明智運用情報的領域。

第八章的主題是我們大家都會遇到的事情：協商。本章節介紹的傑出案例包括運用情報影響政府協商對象的感知，以及運用情報建立互信、揭穿弊端。建立互信是任何軍備控制和國際協議的必要基礎。我們將探討如何利用情報釐清協商和衝突過程中的複雜互動。

第九章闡述如何建立並維持長久的夥伴關係。本章介紹的實例是美國、英國、加拿大、澳洲、紐西蘭五國所組成的「五眼聯盟」（5-eyes）。此訊號情報合作計劃歷史悠久而且非常成功，其背後的原則可應用於商業世界甚至個人生活。

第十章的警惕則是數位生活讓惡意人士和無良份子有機會利用我們。在同溫層裡，我們接收到的資訊可能會潛移默化間影響我們的購物或政治抉擇。可能會有不明人士利用資金和藏鏡的意見領袖動員輿論。這些假資訊被揭露是謠言後，民眾對於民主程序和民主體制的信心就會逐漸流失。

第十一章是結論。本章呼籲我們大家要警醒，並體認到我們有可能被有心人士透過數位科技所利用。我想透過本書的訓示，捍衛那些賦予自由民主體制正當性的價值：法治、包容、訴諸理性處理公共事務、為周遭世界尋求理性的解釋，以及自由、明智抉擇的能力。當我們允許自己被有心人士影響，我們的自由意志就會受到傷害，我們的開放社會就會受到逐漸的侵蝕。所有人都應該培養能力對抗蠱惑民心的政客以及招搖撞騙的奸商。因此，第十一章為本書畫下一條樂觀的結論。我們可以學習如何在數位時代中安全過生活。

第 1 部

排列思維順序的四堂課：SEES分析模型

第01章

狀況認知

——我們對世界的瞭解總是零碎、殘缺，有時甚至錯誤

一九六一年四月二十日晚上十一點，位於倫敦大理石拱門（Marble Arch）的蒙特皇家飯店（Mount Royal Hotel）內，四名男子焦慮地等待第五位男子的到來。這間飯店建於一九三三年，原本是出租公寓，戰爭期間則做為美軍軍官宿舍。軍情六處選中這間低調的飯店做為蘇聯軍事情報機構格魯烏（GRU）特務奧列格．潘科夫斯基上校（Colonel Oleg Penkovsky）和軍情六處及美國中央情報局（CIA）情報官的首次會面處。潘科夫斯基上校是和軍情六處和中央情報局合作的臥底特務。他抵達現場後，隨即交付兩包手寫文件。這些文件是他從莫斯科竊取出來，做為表達意圖的信物，內含蘇聯飛彈情資和其他軍事機密。接下來的數小時，他訴說自己的想法。他熱愛祖國俄羅斯，因此認為自己有責任向西方揭露蘇聯領導人尼基塔．赫魯雪夫（Nikita Khrushchev）的冒險主義和邊緣政策（brinskmanship），以及蘇聯政權的腐敗虛偽。[1]

潘科夫斯基這個機密情報來源之所以珍貴，在於他是訓練有素的情報官，而且知曉蘇聯最深層的秘密——包括軍事科技、高層政策、高層人士。像他這樣的知情人士，極少數有權利造訪倫敦。他負責在倫敦發掘潛在線人，並交由蘇聯情報機構培養，以滲透西方企業和科學界。

潘科夫斯基與經常以正當管道造訪莫斯科的英國商人格雷威爾・韋恩（Greville Wynne）結識，最終將他的生命託付給韋恩，請韋恩向軍情六處轉達投誠意願。自一九六一年四月至一九六二年八月間，潘科夫斯基利用軍情六處提供的米諾克斯間諜相機（Minox），提供超過五千五百張機密情資的照片。他提供的情資讓二十位英美分析官忙得不可開交，總計一百二十小時的當面匯報動用了三十名翻譯人員，產出一千兩百頁的逐字稿。

與此同時，蘇聯為卡斯楚（Fidel Castro）統治下的古巴提供軍事援助，令美國情報單位憂心忡忡。中情局分析U2偵察機於一九六二年十月十四日在古巴上空拍攝的照片後，判斷古巴正在興建導彈基地。他們之所以能做出判斷，乃是因為潘科夫斯基提供軍情六處的情資含有蘇聯中程導彈基地的興建和運作過程。中情局認為，如果沒有潘科夫斯基的情資，他們便難以判斷各個發射基地配備的核武導彈種類。

十月十六日，甘迺迪（John Kennedy）總統聽取中情局的評估匯報，親眼看見那些照片。十月十九日，總統知悉情報單位總共空拍到九座導彈基地的施工現場。十月二十一日，甘迺迪總統告訴英國首相哈洛德．麥克米倫（Harold Macmillan），美國本土已盡在蘇聯導彈的打擊範圍內，且反應時間只有短短四分鐘。根據紀錄，麥克米倫回應道：「現在，美國人便能體會英格蘭人過去多年來的生活。」次日，和麥克米倫討論後，甘迺迪總統宣布對古巴實施海上封鎖。[2]

古巴飛彈危機彰顯情報有能力使人感知到威脅，這即為SEES情報分析模型的第一步。新的證據使美國分析官徹底改變判斷。他們原本以為蘇聯不敢在西半球部署核武導彈系統，但現在他們修正狀況認知，意識到美國所面臨的危機。

有一套科學化的方法可以用來評估發現新證據後，我們應如何調整狀況認知，也就是SEES模型的第一階段任務。這套方法稱為貝氏推論，廣泛應用於情報分析、現代統計學和資料分析，[3]得名十八世紀於坦布里奇韋爾斯（Tunbridge Wells）的神職人員湯瑪士．貝葉斯牧師（Rev. Thomas Bayes）。貝葉斯牧師在討論機率的筆記中首次提出這套方法。他於一七六一年逝世後，才有人在他遺留下的文件中找到這份筆記。

貝氏推論法運用條件機率（conditional probability），從現有證據反推最有可能導致證據存在的肇因。例如，足球賽裁判透過擲硬幣決定哪一隊有權挑選上半場的進攻球門。我們可以理性推估，任何一隊贏得擲硬幣的機率皆為五〇%。但倘若過去五場同一位裁判主持的比賽中，我們每一場的擲硬幣皆輸，我們應該如何看待此事？我們可能會懷疑有人作弊，並降低自己的預期，不再完全相信這次贏得擲硬幣的機率為一半。這就是所謂的條件機率，其根據是前面數次擲硬幣的結果。這個機率和我們之前的評估有所出入。在這個案例中，貝氏推論讓我們能以科學化的方法，根據過去擲硬幣的結果證據來反推最有可能造成此結果的原因，例如硬幣有問題。

貝氏推論使我們能根據已知的相關證據，調整任何命題成立的機率。即使情況不同於擲硬幣，我們對於命題成立的機率只有主觀的初估，也可以運用貝氏推論。假設我們在評估政黨贏得下次大選的機率。我們可能會根據新出爐的民調調整評估。我們可以思考新證據是否能幫助我們區分各個對於可能結果的替代觀點，也就是所謂的替代假說（alternative hypothesis）。如果我們有若干不同的替代假說，而且其中一條假說和證據的關聯高於其他假說，那麼我們就有理由相信這條假說最能解釋自己所面對的情勢。

因此，貝氏推論法使我們根據新證據調整我們的「先驗」信心，以產生「後驗」的信心（「後驗」指的是「看到證據之後」）。這種重新評估的關鍵在於思考下述問題：如果假說成立，那麼我們觀察到那項證據的機率為何？如果我們認為那項證據的出現極有可能代表假說成立，我們便應提升對該假說的信心。

美國國防部的國防情報局（Defense Intelligence Agency）原本認為蘇聯在古巴部署核導彈的機率極低。換言之，此假說的「先驗機率」（prior probability）極低。我們可以用下一章也會用到的數學符號表示：若令「部署核導彈」的假說為N，則看到證據之前對於N成立的信心就是介於○和一之間的先驗機率$p(N)$。由於他們認為N發生的機率極低，他們可能判斷$p(N)$為○．一，意即機率只有一○%。

美國空軍於一九六二年十月十四日拍攝的相片，迫使他們徹底調整狀況認知。他們發現證據E符合潘科夫斯基提供的情資中關於蘇聯中程核導彈基地興建過程的資料。分析官突然間發現，蘇聯有可能正在古巴秘密興建導彈基地。他們必須計算後驗機率$p(N|E)$（唸作「已知證據E的情況下，假說N成立的機率」，直槓「|」代表E和N之間的關係）。

照片中的證據和「蘇聯正在興建核導彈發射基地」的假說之關聯度，高於任何其他替代假說。例如，這些照片看起來並不是大型卡車載運大型管線。已知美國空軍提供之證據的情況下，核導彈假說成立的機率和$p(E|N)$成比例。$p(E|N)$指的是假設N成立的情況下，發現該證據的機率。根據估算，此機率遠高於這些照片在不分情況下的整體出現機率（也就是$p(E)$）。核導彈假說和已知證

據之間的關係，意即 $p(E|N) / p(E)$。把這個係數乘上先驗機率 $p(N)$，即可得出決策者所需的後驗機率 $p(N|E)$。

貝葉斯牧師提出的後驗機率計算公式如下：

$$p(N|E) = p(N)*[p(E|N) / p(E)]$$

換言之，發現新證據的情況下，某事件發生的新機率就是把該事件原本的發生機率（發現新證據之前的機率），乘上新證據支持假說的程度。

這是本書的唯一公式。儘管我想盡可能把本書寫得平易近人，但我還是選擇討論這條公式，因為它把文字轉換成精準、量化的條件機率，這也是現代資料科學的重點。下一章將探討如何運用貝葉斯的偉大見解，根據觀察到的現象反推出最有可能的肇因。

古巴飛彈危機的案例顯示，貝氏邏輯可以建立新的狀況認知。例如，如果分析官認為照片可能只是一般土木建築工地，所以無論N成立與否（意即無論是否為核導彈基地），照片皆有可能出現，那麼 $p(E|N)$ 便和 $p(E)$ 相近。因此，貝氏推論中的係數接近「一」，導致後驗機率和先驗機率相

去不遠。如此一來，總統可能就不會接獲通知必須提高對於「赫魯雪夫有可能在古巴興建核導彈基地」的信心。反之，如果E在N成立的情況下出現的機率遠高於其他情境之下（潘科夫斯基提供的情資支持這點），這代表N極有可能成立，並使p(E|N)大於p(E)，導致p(N|E)大幅提升。國防部的分析官當初必定判斷p(N|E)非常接近一，近乎篤定。因此總統接獲通知，美國的後院很有可能已部署蘇聯核導彈。

甘迺迪總統於一九六二年的關鍵政策見解如下：他知道赫魯雪夫必定已說服古巴相信蘇聯可以秘密部署導彈，並在美國發現之前把核彈頭安裝完畢。如此一來，美國就只能眼睜睜地看著蘇聯威脅整個美國東岸，而且除非冒著超乎可接受程度的風險，否則無法對古巴或導彈採取反制措施。然而，如果導彈在進入可發射狀態之前就被發現，蘇聯就必須承受甘迺迪總統實施的海軍封鎖。實施海軍封鎖之際，甘迺迪總統秘密提供赫魯雪夫一個能保全面子的台階下（總統表示願意事後撤回美國在土耳其部署的舊型中程導彈），赫魯雪夫接受提議。危機在沒有爆發戰爭的情況下落幕。

甘迺迪總統處理古巴飛彈危機的方式，後來成為經典案例研究，彰顯大膽又負責的治國之道。這背後的功臣就是狀況認知。潘科夫斯基提供的情資為總統建立狀況認知，提供人、事、時、地方面的資訊，包括蘇聯核導彈的詳細規格、作戰範圍、破壞威力，以及運至目的地後達到可發射狀態所需的時間。由於掌握最後一項關於時間的情資，甘迺迪知道自己沒有必要立即以空襲摧毀導彈，而是可以透過溝通來讓赫魯雪夫知道自己錯估情勢。

貝氏推論是SEES思維模型的核心，可應用於日常生活中的各種情境，尤其是狀況認知容易發生錯誤的情境。假設你近期承接的工作項目，看起來根本不可能在期限內和預算內達成。因為你向來覺得直屬上司挺賞識自己，認為經理指派這份工作項目，是由於經理肯定你的工作能力，想必你在公司大有前途。然而，你在電子郵件的底部發現一行經理轉寄前忘記刪除的文字，寫著經理認為你有大頭症。從這項證據回推，你的直屬上司或許是想指派一份本來就不可能達成的項目，藉此挫挫你的銳氣，迫使你思考自己的團隊合作能力。請各位將這種推論法應用於自己生活中的情境。

比起古巴飛彈危機，多數情報分析比較像是例行公事，目標是把各種來源的零碎資訊拼湊成完整的情資。貝氏推論法也是如此。我們用貝氏推論法評估資訊，以即時配合決策者的需求，讓決策者掌握人、事、時、地等資訊。

當我們透過情資調查、科學實驗、網路瀏覽和一般觀察而搜集到資料時，會有一種期望資料符合已知規律的誘惑。多數資料的確有可能契合，但有些可能不會。這有可能是由於資料本身的問題（情資來源發生問題、科學家進行實驗時犯下錯誤），但也可能是因為期望中的規律無法準確解釋現實。有些時候，絕大部分的觀察大體符合期望中的規律，但更敏感的儀器或消息更靈通的線人所提供的資料，可能會揭露新一層的現實供我們研究。在這種情境中，不符合既有規律的資料可能是首次發現且值得探究的新現象，但對情報官而言，這也有可能是欺敵行動的初步跡象。處理這些「異常值」的方式，經常是新見解的開端。儘管如此，人類的天性就是喜歡拋棄或找藉口排除這些不符主要論述的資訊，「何必破壞一則好故事」是我們不自覺的思維過程。了解這些案例的存在，是培養清晰思路的重要步驟。

潘科夫斯基很快就和英國的軍情六處及美國的中央情報局建立善意，但我們在做出判斷前，必須評估情資基礎的準確度和可靠度。對於重要的事件，我們所接獲事實描述，皆需經過批判性的檢驗，以測試我們是否真的知道其「人、事、時、地」。同理，情報分析官接獲線人提供的情資時，一定會調閱此線人的紀錄，檢查他是否像潘科夫斯基一樣穩定可靠，抑或是一名未經測試的新線人。猶如史學家發現新找到的手稿對於某著名事件的記載和現有文獻有所出入，情報官必須仔細探究情報的撰寫人是誰、撰寫時間為何，以及撰寫人是否有第一手資訊的支持，抑或僅憑藉次級來源，甚至是不可靠、出於惡意或層層誇大其詞的次次級來源。提供情資的人士必須對接收者善盡謹慎責任，為每一份報告標註描述，讓分析官能評估其可靠性。受過鄉野雜談欺騙的人，或是透過英國國家廣播公司第四台（BBC Radio 4）收聽《阿徹一家》（The Archers）的人，皆知道此措施的效果。

培養狀況認知的最佳方法就是親眼目擊正在發生的事件，但即便如此，眼前看見的事情仍有可能是假象，視錯覺就是如此。如果在社群聊天室裡看見以前不知道的網站上提供超級划算的商品或服務，一定要謹慎以對。出自親眼目擊的情資，多數需經過審慎檢驗，以確認其可靠度，對此刑事法庭的官員再清楚也不過。福克蘭戰爭的案例中，情報所建立的直接狀況認知對英國政府幫助非常大。由於智利政府原本就同意和英國政府分享雷達照片，因此智利一座山頂雷達偵測到阿根廷空軍的戰機後，英方便掌握戰機的飛行路線，知道戰機即將襲擊英軍。

經驗老道的分析官知明白，自己選擇關切哪些資訊、選擇忽略哪些資訊，深受當下的心境所影響。[4]他們會受到當下情勢所影響，亦會受到潛意識裡的問題思考模式所左右。分析官本身也懷有成見和偏見，經常受到先前經驗的影響。中情局官員的技術入門書籍寫道：「這些以經驗為基礎的構想，出自對於整體世界以及特定領域的假設和期待。這些構想對於資訊分析官採納哪些資訊的抉擇造成深遠的影響——換言之，分析官容易察覺和記住符合潛意識裡之模型的資料，容易忽略不符合模型的資料。」[5]因此，看到符合心中期望的資料時，必須特別小心。

攔截並破譯而來的通訊以及竊聽裝置的錄音，通常深受情報分析官所信任，因為我們可以假定涉事人並不知道自己的訊息或對話遭到竊錄，因此說出的話比較誠實坦白。然而，實際情況不一定如此。對話中的一方有可能存心想欺騙另一方，或雙方共謀欺騙第三方。一九四四年六月諾曼地登陸前夕，盟軍傳送精心設計的假通訊，塑造美國陸軍全員部署在多佛爾（Dover）附近的假象，並策劃精湛的反情報行動，令雙重間諜把假資訊傳回德軍情報機構，促成諾曼第登陸前的大規模欺敵行動（即堅忍行動，Operation Fortitude）。該行動的主要目的，是讓德軍最高統帥部以為諾曼第登陸只不過是第一階段，主要入侵目標是加萊海峽省（Pas de Calais）。諾曼地登陸行動沒有以失敗收場，背後的原因很有可能是這項以情報主導的欺敵行動，促使德軍最高統帥部命令裝甲師不要投入戰役。

未經證實的情報（有時幾近謠言）充斥著商業生活以及媒體的商業版面，並深深影響市場行為。大型投資公司的分析師可能本身不會被這些情報所欺騙，但他們可能判斷一般投資人將會上當，因此必須在謠言屬實的假想下進行投資決策。偉大的經濟學家約翰・梅納德・凱因斯[6]

（John Maynard Keynes）靠這套見解為母校劍橋大學國王學院（King's College Cambridge）賺進大筆財富。今日，凱因斯的名言經常出現於投資公司的行銷文宣裡：「投資成功的關鍵在於預測他人的預測。」凱因斯在著作《一般理論》中，將此過程比喻為選美競賽：

> 重點並非挑選自己眼光中最美的選手，亦非選擇大眾眼光中最美的選手。我們已進入第三個層次：以自身智慧預測大眾對於大眾眼光的期望。我認為，有些人甚至站在第四層、第五層之上思考。[7]

潘科夫斯基的故事最終以悲劇收場。他必須避開蘇聯的監控，將底片放置在秘密傳遞點。他使用的方法後來由約翰·勒卡雷（John le Carré）的諜報小說發揚光大，包括在路燈桿上做記號，以標示此處放有情報。負責拿取情報的人是珍妮特·奇斯霍姆（Janet Chisholm），她的丈夫是英國秘密情報局專門負責潘科夫斯基的專案負責官，以外交人員的身分為掩護在駐莫斯科大使館進行諜報工作。她自願提供協助，並於潘科夫斯基造訪倫敦期間和他會面。她經常把孩子帶到茨維諾大道（Tsvetnoy Boulevard）的人行道上遊玩，自己則坐在附近的長椅上；同時間身著便服的潘科夫斯基從旁走過，和孩子聊聊天，並送給他們一小盒點心（這是他造訪倫敦、跟英方情報人員會面時拿到的盒子，目的就是在莫斯科遞給孩子），盒內藏有微縮膠卷。潘科夫斯基知道這些膠卷上所記錄的文件能滿足倫敦和華府的情報需求。類似的傳遞進行了好幾次。

然而，珍妮特後來被蘇聯情治單位盯上，而且很倒霉地被目擊和一位俄羅斯人「輕微接觸」。克格勃（KGB，蘇聯國家安全委員會）起初無法判斷這位俄羅斯人的身分，但隨即展開調查。此外，潘科夫斯基自己也犯下若干失誤。這些事件最終導致他失風被捕，他的接頭人英國商人格雷威爾·韋恩隨即也在布達佩斯出差時遭到綁架。

韋恩和潘科夫斯基一起在莫斯科接受作秀公審，兩人皆被判有罪。潘科夫斯基經歷嚴刑拷打後遭到槍決。韋恩則在蘇聯監獄服刑數年後，於一九六四年由於互換間諜協議而獲釋。蘇聯將他釋放，以換取克格勃特務戈登·隆斯戴爾（Gordon Lonsdale，真名為科倫·莫洛迪[Konon Molody]）和他的接頭人古董書商彼得及海倫·克羅格夫婦（Peter Kroger, Helen Kroger）。克羅格夫婦協助隆斯戴爾經營情報網，針對波特蘭島上的英國海軍部（UK Admiralty）進行情報工作。

情蒐的數位革命

今日若有人要仿效潘科夫斯基，可以用較為安全的方式竊取導彈計劃：想辦法訪問相關的資料庫。只要找到機密網路的訪問路線，無論何種數位資訊皆能竊取。數位衛星影像涵蓋全球；搭載高畫質攝影機的遙控無人機能拍攝極為清晰的數位影像，除了提供軍事、安全、警政用途以外，亦能用於農業、污染控制、調查報導和許多其他公共事務。現在發生任何事件，皆有監視攝影機紀錄，或是民眾手持搭載高畫質相機的手機拍攝影片；電視台等媒體更是提供即時上傳專線，讓民眾能立即上傳拍攝到的影片。人人皆能當個情蒐特務。

也因此，我們面臨資料量過大，人腦無法分析的風險。巨量的數位資訊使人工智慧演算法變得至關重要，我們必須使用演算法來整理資料並找出重要的部分。[8] 透過貝氏推論法，電腦可以學習如何找到我們希望演算法能偵測到的結果。這種方法的潛力無窮（而且比人類更為可靠），善於執行目標明確的任務，例如檢查大量臉部影像中是否出現特定人臉，或手寫字跡是否符合資料庫中的樣本。然而，這些演算法的可靠度取決於訓練用的資料，而且必定會發生誤判關聯的情形。我們還是需要人類分析官抽樣檢驗，並賦予資料意義。[9]

與此同時，我們不應忘記數位世界也賦予敵人豐富的機會，使他們能在線上匿名作業，侵入我們的系統，並竊取機密。自由民主國家體認到這層網路弱點，因此賦予國安和情報機構強大的數位情報技術，使這些機構在嚴格的保護措施下大量搜尋資料，以找出攻擊者的身分。

資訊數位化也使狀況認知變得普及。透過強大的搜尋引擎，人人皆能當個情報分析官。只要有寬頻網路和行動裝置或電腦，就能享有從前做夢都沒想到的資訊能力。公開來源情報（open-source intelligence，簡稱OSINT）是一個我們在日常生活中就會用到的新興領域，我們用它來決定選舉時要投給哪一個政黨，了解每個候選人的政見，確認某區域的房地產價格，或研究哪所大學開設最多的相關課程。網路所提供的狀況認知，可以使我們做出正確決策，但如同情報分析官，我們也必須有辨別能力。

我們有強大的工具可以使用。我們可以搜尋影像資料庫的目錄，以毫秒之速辨識某個地點、人物、藝術作品或其他物品。Google圖片搜尋引擎已索引超過一百億張照片、繪畫和其他圖像。輸入全球任何一處地址，就能透過Google街景看見當地的建築物，並模擬開車穿越街坊，同時觀看地圖上的方向和資訊。船舶、貨櫃，以及歐洲大部分地區的火車定位皆能顯示在地圖上。

運用巧思和經驗，我們可以利用網路產生和情報機構及新聞媒體不相上下的狀況認知。非營利組織「鈴貓」[10]（Bellingcat）得名於伊索寓言的故事，故事中老鼠提議在貓的脖子上掛一顆鈴鐺，這樣貓靠近的時候老師就能提前警覺，但沒有老鼠自願進行掛鈴鐺的工作。鈴貓專門公布民眾和記者所進行的非官方調查結果，主要涵蓋議題包括戰爭罪、戰區現況和重大罪犯的活動。該資助近期最著名的成就就是公布兩名俄羅斯格魯烏特務的真實身分，這兩名特務企圖在索爾茲伯里（Salisbury）謀殺前軍情六處及格魯烏特務謝爾蓋・斯克里帕爾（Sergei Skripal）及其女兒，並造成一名無辜平民死亡。

全球資訊網有四十五億條索引頁面（每日成長一百萬份文件），世界上還有數十萬座資料庫，人必須經過練習才能有效從中檢索狀況認知。許多網站涉獵專業領域，需要技能、心力和找尋的渴望，才能從中獲得資訊（例如，fishupdate.com是一套顯示英國附近漁船的定位地圖）。

根據估計，搜尋引擎索引到的表層網路雖然資料量龐大，充其量只占整體網路的〇・〇三％。絕大部分的網路是所謂的深層網路（deep web），一般使用者無法訪問。這些網站多數具有正當的保密原因，畢竟它們本來就不是給大眾隨意訪問的網站，例如企業內網和研究資料儲存體；使用者必須知道網站的位置才能訪問，而且多數皆有密碼保護。除了深網以外，網際網路中有一小部分稱為「暗網」（dark web或dark net）。暗網有自己的索引系統，唯有透過Tor等專業匿名軟體才得以訪問，這類軟體能向執法單位隱藏查詢者的身分。[11]因此，暗網的運作規則和我們日常生活中所習慣的一般網路不同。

深網就像是城市中的商業大樓、研究實驗室和政府機關，一般民眾不需要進入，但相關人士如果持有通行證的話便能進入。順著此一比喻，暗網可說是城市裡的紅燈區，其建築數量不多（有時非常難找），但人員出入受到嚴格控管，因為經營者希望裡面發生的事情保持秘密。從前，這些地方可能是地下酒吧、非法賭場、廉價旅店和妓院，但也有可能是窮困潦的年輕藝術家和作家的聚集地，或是政治激進人士和異議人士的聚會場所。今日，這些地方可能是媒體設置的安全網站，讓線人和吹哨人匿名訪問。

各位一定曾經點選網站連結，結果卻看見螢幕顯示「404 Page Not Found」，然後罵聲髒話的經驗。瀏覽器和伺服器通信，但伺服器在原本的索引位置卻找不到網頁。一個網頁的平均壽命是一百日，所以我們必須巧妙運用庫存網頁材料檢索那些標記錯誤、變更位置或自網路中移除的網頁。政治人物發現自己選前的政見可以馬上移除，應該會覺得很有用，但其實有搜尋方法可以檢索舊版網頁，並和新版做比較。[12]多數搜尋引擎使用星號 表示萬用字元，所以如果要查詢奧薩馬·賓拉登（Osama Bin Laden），輸入「B*n Lad*n」的查詢請求便可以一次查詢賓拉登姓名的不同拼音，例如「Ben Laden」、「Bin Laden」（聯邦調查局偏好的拼法）或「Ben Laden」（中央情報局偏好的拼法）等等。此外，亦可在查詢請求的最前面加上波浪號「~」，令搜尋引擎除了查詢請求內的特定詞彙外，亦呈現近義詞的查詢結果。使用者也可以在字詞前面加上減號「-」，令搜尋引擎忽略該字詞。整合式搜尋引擎Dogpile則專門回傳Google和Yahoo等各個搜尋引擎的搜尋結果。

輸入查詢請求後，務必當心不要被搜尋結果的順序誤導。這些順序可能會使人以為某些資訊比較重要。搜尋結果（數毫秒就能完成，實在非常神奇）可能經過若干方式篩選。置頂的搜尋結果有可能是「曝光式搜尋」（publicity-based search），也就是一種產品置入行銷手法，由企業、利益團體或政黨付費使自己的搜尋結果出現在最前面（或花錢僱請專業公司為廣告商實現這樣的結果）。搜尋某區域的房地產價格，搜尋結果必定會出現花錢購買行銷優勢的當地房仲，他們付錢使自己的頁面出現在畫面頂層。搜尋結果也會依照搜尋資料庫的累積知識而調整，包括過去的搜尋結果，以及點擊率最高的條目（意即「熱門度搜尋」[popularity-based search]，利用了某種「群眾智慧」）。這種搜尋法也有可能誤導人。搜尋大學課程的時候，如果搜尋結果依照課程的熱門度呈現，或許會令人感到有趣，但如果使用者想查詢符合個人興趣的課程，這種排序法沒什麼幫助。

最後一點也是最可怕的：使用者看到的搜尋結果，可能是精密演算法進行「個人化搜尋」（personalized search）的產物。搜尋引擎可能會根據使用者過去的上網行為以及可取得的個人資訊判斷使用者最想看到的結果（意即推斷查詢此問題的原因）。兩個不同的人在兩台不同的電腦上查詢同一個字詞，可能會產生不同的結果排序。

我透過Google Chrome瀏覽器使用Google搜尋引擎查詢「1984?」，就會出現喬治．歐威爾（George Orwell）的反烏托邦小說，以及購買小說或下載小說的最佳方式；本次搜尋總共產生十四億九千萬條結果（費時〇．六六秒），其中維基百科（Wikipedia）關於這本小說的條目名列第一頁的上層，這是很有用的資訊。我如果使用蘋果（Apple）的Safari瀏覽器和其搜尋引擎查詢同樣的字詞，第一個條目則會告訴我一九八四年是一個閏年。瀏覽歷史和我迥異的人，可能會優先查到英迪拉．甘地（Indira Gandhi）一九八四年的刺殺案件，或是《神力女超人一九八四》（Wonder Woman 1984）的上映日期延後至二〇二〇年。

網路搜尋是個強大工具，協助我們獲取建立狀況認知所需的材料，但前提是網路必須保持開放。如果政府當局規定搜尋演算法接獲公民查詢「1984」時，不得呈現歐威爾的小說，那我們就確實活在歐威爾筆下的反烏托邦世界了。遺憾的是，企圖運用網路科技控制社會的威權政府，可能就有這樣的野心。

結論：狀況認知的教訓

本章探討SEES模型的第一階段，意即獲取我所謂的「狀況認知」，掌握當下的情勢。我們對世界的瞭解總是零碎、殘缺，有時甚至錯誤，但有事情引起我們的注意，而我們必須知道更多資訊。這有可能是因為我們已經思考過未來的可能發展，並戰略性地注意到我們必須關注的領域。這也有可能是因為我們收到意料之外的觀察結果或報告，促使我們專注以對。我們可以從經驗教訓中學習如何提升看清情勢的機率，並回答關於「人、事、時、地」的問題。

在這些情況中，我們應秉持以下原則：

- 思考資訊來源的充足程度。

- 了解既有資訊的範圍，辨認需要知道卻不知道的資訊
- 評估現有資訊來源的可靠度。
- 若時間允許，搜集額外資訊，交叉比對後再進行判斷。
- 運用貝氏推論法，根據新資訊調整對於情勢判斷的信心程度。
- 保持開放的心胸，誠實面對已知資訊的限制，尤其要對公眾坦承這些限制，並思考公眾可能發生的反應。
- 注意到可能有人在背後刻意操弄、誤導、欺騙、矇騙。

第02章

解釋

——事實必須經過解釋

一九九五年七月二十三日，塞爾維亞首都貝爾格勒（Belgrade）。黃昏時分，我們搭乘的軍機降落在市郊的機場。我們和塞爾維亞安全官碰面後，馬上就被趕上車，並受到英國大使館的一名外交官謹慎照顧。路途感覺無窮無盡，後來終於抵達政府招待所。我們的任務是親自向招待所的居住者拉特科．穆拉迪奇（Ratko Mladi）將軍傳達最後通牒。穆拉迪奇將軍是塞族共和國軍指揮官，惡名昭彰的他被世人稱為「斯雷布雷尼察的屠夫」[1]（butcher of Srebrenica）。

兩日前，一場會議於倫敦召開，世界各國一致對穆拉迪奇的塞族共和國軍蹂躪斯雷布雷尼察（Srebrenieca）和捷帕（Žepa）的行為表達最強烈譴責。內戰期間，聯合國將這兩座城鎮設為「安全區域」，讓波士尼亞穆斯林能在此避難。遺憾的是，聯合國對於穆拉迪奇及其麾下軍隊的種族清洗行為了解不足，並沒有針對安全區域制定妥善的保護計劃，以抵擋穆拉迪奇部隊的入侵。聯合國維和部隊（UNPROFOR）人員數量少且裝備輕簡，並根據聯合國法規皆配戴藍色鋼盔並搭乘白色塗裝車輛。他們無力抵擋違抗聯合國的塞族共和國軍。

當時，世界還不清楚穆拉迪奇的部隊在波士尼亞進行大規模種族屠殺，也不知道他們使用強姦作為戰爭武器，但斯雷布雷尼察已流出足夠的證據，迫使倫敦會議和北約各國心不甘情不願地表達底線：往後若對剩餘安全區域做出任何干預行為，北約將動用遠具優勢的空中武力。我們前往貝爾格勒的目的，就是嚴正警告穆拉迪奇北約必定會履行威脅，並說服他停止侵略行為。

代表團的領導人是掌控北約對波士尼亞空中作戰武力的三名空軍高層人員：美國駐歐空軍指揮官，以及英法兩國的空軍指揮官。我當時是英國國防部的政策副次長，擔任英國空軍上將威廉・伍拉騰爵士（Sir William Wratten）的顧問。伍拉騰是英國皇家空軍打擊司令部的總司令，在第一次波斯灣戰爭（Gulf War）期間親手制定英國的轟炸戰略而聞名於世。代表團員除了我以外，亦有法國國防部的同仁和美國國防大臣辦公室的同仁（吾友喬・克魯佐[Joe Kruzel]，後來他乘坐的武裝車輛滾落狹小的隘口，不幸因公殉職）參與。他們的職位和我相同。我們的其中一項任務就是藉此機會了解穆拉迪奇的動機，也就是他行為背後的「原因和目的」，並判斷英、美、法三國空軍指揮官帶來的北約通牒，是否能有效嚇阻穆拉迪奇。

抵達招待所後，我們被人護送進入餐廳，受邀坐在長桌一側，桌上擺滿傳統甜點及李子白蘭地。穆拉迪奇心情愉悅地步入房間，肩膀上的軍服外套釦子沒扣，一旁則是他的秘密警察總長。我們預先接獲警告，穆拉迪奇面對軍人向來非常友善，這也是他備受部下愛戴的原因之一。因此，我們在飛航途中已決定要拒絕他的款待，推測此舉將冒犯穆拉迪奇，迫使他明白我們此行並非善意之訪。這招發揮作用了。

穆拉迪奇的焦慮顯露於色，挑釁地質疑三國的空軍是否能對他的地面部隊造成實質威脅，畢竟北約空軍當時只展現出微弱戰力。三名空軍指揮官當天選擇不著軍常服，而是穿上皮夾克並佩戴墨鏡。這是一個明智的抉擇。他們威嚇地講述自己所指揮的空中武力有多麼強大，並直截了當地傳達最後通牒：任何攻擊安全區域的行為，皆須付出代價，招來強大的空中打擊，「若有必要，打擊的規模將前所未見」。房間內的氣氛降至冰點。

解釋和動機

本書序中提到，SEES情報分析模型的第二階段是了解和解釋。情報分析官必須思考個人和組織等觀察對象，為何會做出眼前這些行為，並分析其背後的動機和目的——這就是我們當天和穆拉迪奇會面的目的。無論面對軍事情報，還是面對日常生活中的事情，我們皆能這麼做。如果採用遠距離分析，而且分析官的文化背景和情報對象截然不同，分析的難度就會變得很高。如果分析官將自己的特質投射到敵人身上，便會產生投射性認同（projective identification），進而導致誤解動機的可能。這在國際關係中可能會造成危險。如果有一名國家元首指控另一名國家元首的行為，自己卻也做出同樣的行為，這有可能是犬儒的伎倆，但也有可能是可怕的自我欺騙。那位元首有可能無意識地切割自己最糟糕的人格特質，藉此指控另一位元首擁有這些特質，同時讓自己處在自我否認的狀態，堅信自己沒有這些特質。各位在職場上應該每天都會見識到這種過程。

如果分析的對象是軍事領導人，就必須考量到其他影響行為的客觀因素，例如敵我軍力比較、地理、地形、天氣，和社會的歷史、種族及文化。如果對他國政策和行動的反應，或社會內部的派系對立，搭配導致當下情勢的歷史，最能解釋這些行為，那麼必定會有複雜的因素必須分析。自波士尼亞衝突爆發以來，該地區流出的報告顯示衝突各方皆有過分的行為，這是內戰常有的特色。這方面的證據已經出現，但起初我們並不清楚是什麼樣的深層原因，最終導致穆拉迪奇的部隊犯下恐怖的極端種族清洗。

對事實的挑選並非中立，事實也不會為自己說話

為何我們會看見眼前之所見？我們有可能會誤解背後的原因，這有可能是因為如果有一套事實能支持自己喜歡的解釋，我們就很有可能或明或隱地選擇這套事實，而拋棄另一套事實。本書前章提及，即便是狀況認知也會受到分析官的心態所影響。選擇要關注哪些事情，不太可能完全中立。自古以來，傳記作家和史學家便面對同樣的難題。史學家愛德華・霍列特・卡爾（E. H. Carr）曾寫道：「總體而言，史學家會挑選自己想要的事實。歷史意即詮釋。」[2]

現實已定。我們無法回到過去，改變自己所觀察到的事情。更正確地說，對我們而言，現實是我們進行觀察時所發生的事情。隨著我們分析自己的所見，現實將會改變；再者，我們只能感知到一部分的情勢。然而，我們可以為現實建立心理地圖，並標記我們認為自己知道的事實以及得知事實的時間點。我們可以將這些事實加以串連，並透過記憶，利用先驗知識填補細節。接著，我們看著整張心智地圖，希望能看出關鍵輪廓。

事實經常帶有不同的意義，這就是詮釋錯誤的危險所在。當店員遇到年輕人要買剁肉刀，他必須思考這位仁兄到底是幫派份子或專業屠夫？哲學家伯特蘭・羅素（Bertrand Russell）在哲學

課堂上曾用一個例子解釋真相的本質，[3]在此我對他的舉例加以改編。假設有一座養雞場內的雞對雞農進行諜報行動（例如入侵雞農的電腦），發現雞農正在購買大量雞飼料。雞群聯合情報委員會召開會議。牠們會做出什麼結論？是雞農終於發現雞群值得吃更多飼料，還是雞農要把牠們養肥後送去屠宰？

如果雞群是過著愉快的放養生活，那麼牠們的經驗可能會導致他們的無法理解雞農眼中的養雞場經濟。另一方面，雞群如果過著擁擠的鐵皮雞舍生活，牠們可能會認定雞農懷有最糟糕的動機。同樣的秘密情報、同樣的事實，卻得出兩種相反的詮釋。絕大多數的事實資訊皆是如此。

因此，我們必須透過脈絡才能推斷意義。意義是人類心智的產物，有時或許能體現客觀真相，但有時亦可能反映我們自身受情感所驅使的希望和恐懼。情報分析官喜歡自稱「客觀」，並如本書第五章所述，謹慎辨認各類可能影響思維的認知偏誤。但到頭來，訓練有素的分析官如果知道情報使用者亟欲聽見什麼樣的情報，就必須避免受到這層認知的影響，以維持「獨立」、「中立」和「誠實」，這三項特質比「客觀」更能貼切描述情報分析官。

辯護律師在刑事法庭上的工作，就是為定罪的證據編織一套說法，令陪審團相信律師對於事件的解釋，並認定被告無罪。人有能力採取行動，不代表真的有意圖這麼做。前者很容易評估，只要有良好的狀況認知就行；後者向來難以推斷，因為必須辨識動機，藉此為事件找到解釋。例如，從僱傭合約上可以清楚看出在何種條件下雇主會解雇你，但這不代表雇主（現在）有解雇你的意圖。

無數心理學實驗已證明，在不存在規律的情況下，我們仍可自我說服，使自己相信自己找到規律了，尤其是心思深度專注其他事情的時候。所以，我們要如何盡可能客觀詮釋自己的感官所感知到的事情？上一章提及，確認資訊的可靠度是否足夠，並以此為標準將資訊認定為事實，這是一件很困難的事情。但先不論這層難題，即便我們確定哪些資訊是事實，我們仍有可能誤解其意義。

假設你在深夜搭乘從機場出發的最後一班列車，坐在空無一人的車廂內。一名身材魁梧、蓬頭垢面的人進入車廂，坐在你身後，並開始挑釁地自言自語，似乎想鬧事。感官印象可能會讓你覺得不想跟這人處在同一車廂。這名陌生人展現出類似精神疾病患者的行為，你擔心他可能會使用暴力，開始估算自己離下一節車廂的門有多遠，並觀察緊急求助鈴的位置。接著，你看到他戴上迷你耳機，於是你開始放鬆。你的心理地圖已經翻面，為你所聽見的事情提供非威脅性的解釋：這人可能只是長途飛行後非常疲倦，租車公司卻沒有及時派車接駁，於是他憤怒地致電質問。

在這類情境中，你對問題的直覺解釋，使你感到一陣害怕。我們的大腦在心理的情感框架下詮釋事實、為事實上色。在上述案例中，這種機制在我們的心理地圖上標記出潛在危險。這種「框想」（framing）起初幾乎皆超脫有意識的思考，可能受到過去情境記憶的觸發，更可能出於對機率的想像。如果你搭飛機時看過《萬聖節》（Halloween）等恐怖電影，這種效果可能就更為明顯。

「框想」一詞是個很有用的譬喻，能概括描述無意識之間為心理地圖上色的心理過程。例如，霍華德．霍奇金（Howard Hodgkin）色彩明亮繽紛的畫作從畫布延伸至畫框。畫框本身就是畫作的一部分，並影響我們對於畫布內容的感知。框架效應由內而生：我們的心思不只對眼前所見做出反應，更是對感覺和記憶做出反應。電視新聞編輯的工作之一就是挑選能提供視聽線索的影片片段，藉此框塑我們對於新聞的理解。電影導演必定明白，影像和聲音的結合，能發揮強大的綜效，使觀眾在心中創造強大的心智表徵，以導演想要的方式觀賞電影場景。殺人犯手持刀子走上樓梯時，如果搭配小提琴的擦音，便能創造緊張顫慄的感覺；反之，一對情侶愉快地舞入夕陽餘暉，如果搭配宏亮飽滿的管弦樂團奏樂，便能消除那層緊張顫慄的感覺。現代政治廣告已學會這些操弄我們的技巧，使我們對廣告中的訊息產生更多情感反應而非理性反應。

自古至今，唯有人類才能賦予意義，但在未來，機器可能會運用人工智慧程式從資料推斷意義，並為人造的輸出添加恰當的框架手法。我們現在已經可以針對社群媒體貼文進行電腦化的情感分析，評估集會民眾動用暴力的傾向。謹慎使用人工智慧便能更迅速地警告分析官危機正在醞釀。

然而，讓機器對情勢推導解釋，隱含潛在危險。股票交易已出現「閃電崩盤」（flash crash）的問題，這是指關鍵股價隨機下滑，觸發人工智慧程式自動賣出，進而被其他交易演算法偵測到並跟著賣出，於是引發連鎖反應，造成大量拋售。因此有人設計出自動煞車機制，避免市場被這種自動化交易所驅動。同理，如果我們仰賴這種因果推論，在偵測到網路攻擊時自動變更防衛部署，這也會造成危險。如果敵我雙方皆採用這種科技，這樣就像是活在電影《奇愛博士》（Dr Strangelove）的世界；如果這場自動推論的地獄遊戲不只有兩名玩家，那就更是如此。

隨著人工智慧滲入我們的日常生活，我們同樣不能讓人工智慧毫無節制地替我們推論意義。今日，演算法決定哪些線上廣告最符合我們的興趣。這種演算法如果發生錯誤，頂多讓人覺得很煩，並不會造成實質傷害。但如果是一套信用評級演算法，根據瀏覽紀錄和線上購物紀錄，暗中判定你的風險胃納過高，不得持有信用卡或購買平價機車保險，就會產生實質傷害了。

回到貝氏推論：以科學化的方式選擇解釋假說

在SEES模型的第二階段，情報分析官運用公認的科學方法來解釋日常世界，將各種替代假說透過資料驗證後加以排除，藉此產生最符合觀察資料、最不需間接假設的解釋假說。科學界裡最優秀的想法經過各種實驗充分複製後，即受尊稱為「理論」。

在情報工作中，或是在日常生活中，我們通常停留在解釋假說的層次，明白任何時刻皆有可能出現新證據，迫使我們重新評估。上一章提及的案例就是古巴飛彈危機。美國空軍拍攝到古巴出現施工現場和車輛，搭配軍情六處／中情局特務潘科夫斯基上校所提供的機密情報，促使分析官警告甘迺迪總統蘇聯正在古巴建設中程核導彈系統。

上一章提到，貝氏推論法是一種根據新證據調整對假說之信心的科學方法。我們根據證據回推最有可能產生證據的狀況。我想在此利用一起個人案例，說明貝氏推論法可應用於日常生活。

我記得東尼．布萊爾（Tony Blair）擔任首相時，曾告訴我他猜我是國防背景的官員。我詢問其因，他說因為我的皮鞋是擦亮的，而英國政府多數官員都不太重視服儀，唯有在軍隊工作過的人還保留定期擦皮鞋的習慣。

我們可以運用貝氏推論法來檢驗此假說。國防部的縮寫是MOD，所以令此假說為D。假設高階公務員有五%任職於國防部，則假說D成立的先驗機率$p(D)$是1/20，即為五%。換言之，這就是隨機挑選一名高階公務員，挑到國防部官員的機率。

E則是我的皮鞋擦亮的機率。觀察國防部和英國政府各部門後，可能會發現十位國防部高階官員中有七位的皮鞋是擦亮的；但十位非國防部的高階官員中，只有四位的皮鞋是擦亮的。因此，發現皮鞋擦亮的總體機率，為國防部官員擦亮皮鞋的機率與非國防部官員擦亮皮鞋的機率之和：

$$p(E) = (1/20)*(7/10)+(1-1/20)*(4/10) = 83/200$$

我任職於國防部的後驗機率為$p(D|E)$（請記住，直槓代表「已知後者成立的情況下，前者發生的機率」）。根據本書第一章所述之貝氏推論：

$$p(D|E) = p(D)*[p(E|D)/p(E)] = 1/20*[7/10*200/83] = 7/83 \fallingdotseq 1/12$$

經貝氏推論法調整後，首相的假說成立之機率比隨機猜中的機率高上近一倍。

貝氏推論法是構建解釋的強大工具，可應用於SEES模型的第二階段。上述案例可整理成二乘二的表格（假設樣本為兩千名公務員），分別列出皮鞋擦亮的人數、皮鞋沒擦亮的人數，以及任職於國防部的人數、不任職於國防部的人數。

現在請想像實際的「大數據」案例中，數以千百計的行列表示不同種類的證據。貝氏推論法依然能用於推算後驗機率（雖然計算過程變得很複雜）。這就是從大數據推導出結論的正當方法，而且在醫療領域已經發揮正面效益。[4]關於上網行為的個人資料經過分析後，有機會產生珍貴的結果。劍橋分析公司（Cambridge Analyrica）宣稱，二〇一六年美國總統大選中，每一位選民皆有四千至五千個不同的資料點可供分析，以制訂政治廣告的投放策略。這種貝氏推論法的應用著實令人感擔憂，本書

◎皮鞋擦亮與否的樣本分析

	E：皮鞋擦亮	皮鞋未擦亮	總人數
D：任職於國防部	70	30	100
不任職於國防部	760	1140	1900
總人數	830	1170	2000

第十章將會加以探討。

任何持續的思考皆仰賴假設——重點在於，發現新證據挑戰既有假設時，必須重新思考自己的假設。嚴肅思考過程中的任何一個階段中如果必須設定假設，可以套用一個非常實用的測試法則：若此假設最後發現不合理，那麼我如此假設的成功機率，是否低於不做此假設的成功機率？換言之，如果我的假設最後發現是錯誤的，我對於答案的尋求是否會更失敗，抑或是更成功？

例如，你有一顆四位數自行車鎖頭，但忘記密碼了。你可以從〇〇〇〇開始測試，接著換〇〇〇一、〇〇〇二，一直試到九九九九。但你可能合理推測，自己當初不可能把密碼的第一位數設為〇。因此你選擇從一〇〇〇開始猜測。此假設很有可能替你節省時間，而且就算假設錯誤，你的情況也不會變得更糟。

反對證據最少的解釋假說，通常是最適合採用的假說。此通則背後的邏輯是這樣的：一項堅強的反面結果，就能否證一則假說；反之，看似證實某條假說的證據，有時仍無法排除其他假說成立的可能。分析官可運用上述通則避開這種思維陷阱（歸納謬誤），[5]因為命題的支持證據愈多，並不代表命題成立的信心愈高。假如我們要了解天鵝的顏色，若單看歐洲，必定會得到無數報告指出天鵝是白色的，但若觀察來自澳洲的證據，就會發現惡名昭彰的「黑天鵝」，進而推翻我們的歸納。[6]如果支持假說A的報告多於反對假說A的報告，但我們懷疑這樣的差異有可能源自我們搜尋證據的方式，那麼擇A捨B的抉擇不一定合理。

有個廣受研究的案例能闡述錯誤解讀複雜狀況的後果：安全困境（security dilemma）。安全困境指的是一個國家純粹出於防衛意圖而重新提升軍力，卻引發對立國的恐懼，使對立國也開始採取防衛措施，而這些措施恰好證明當初的恐懼是正確的。這就是經典案例：甲國決定推動現代化，建設新一級的戰艦，此決策導致乙國的恐慌，令乙國也開始提升軍備；而乙國提升軍備，反過來令甲國覺得受威脅，進而為當初建設新一級戰艦的決策提供正當性，並刺激甲國建設更多戰艦。如此一來，乙國對於甲國最深層的恐懼受到證實，於是兩國展開軍備競賽。

哈佛學者班．布坎南（Ben Buchanan）指出，這種互相誤判動機在今日更有可能出現於網路，因為基於諜報目的的入侵和基於破壞目的的入侵之間，可能只有數行程式碼的差別。[7]雙方皆有可能認為對方的入侵具有敵意。一方政府可能認為自己不過是採取防衛行動，另一方卻可能認為這種行為具有攻擊動機。

假設有一對交往多年的情侶，名叫愛麗絲和巴布。巴布很容易吃醋。愛麗絲有一次發現巴布正在看她手機裡的訊息，認為巴布侵犯了她的隱私，於是強化手機的安全設定。巴布則認為此舉代表愛麗絲有所隱瞞，於是更加監看她的訊息和社群媒體貼文，進而令愛麗絲認為自己有理因不被信任且受到監看而感到憤怒。結果愛麗絲採取更多保密措施，進而產生不信任的循環。這種循環如果沒有打破，很有可能對兩人之間的關係造成重大傷害。

解釋結論

柴契爾夫人對聯合情報委員會的每週匯報非常感激，她總是希望當既有評估有所改變時能接獲警示。但她曾抱怨聯合情報委員會的用字遣詞經常「太隱晦」。她說：「我希望評估分析得出的關鍵判斷，能以淺顯易懂的措辭與醒目顯眼的文句表達。」[8]本書第一章提到的福克蘭案例中，聯合情報委員會一九八一年七月的報告就犯了措辭隱晦的錯誤。根據委員會的評估，阿根廷政府偏向採取和平手段以達成目標（主權移交），因此閱讀報告的人會認為，如果阿根廷相信英國是基於善意來談判群島的未來，阿根廷就會採行和平的政策，但倘若阿根廷認為和平移交無望，便有發動全面入侵的可能。倫敦方面對福克蘭群島談判過程知情的人士，皆明白英國也希望找到和平的解決方案，但客觀而言，當時的外交工作看似已無望達成雙方皆能接受的解決方案。

然而，聯合情報委員會如果把這件事情說出來，便像在批評政府部會的政策，偏離其評估與彙報情資的職責，顯得逾越職權。

於是，沒有人提醒政府應檢討前年冒著爭議推動的皇家海軍削減案，這項削減案裁撤了派駐福克蘭群島的破冰巡邏船堅忍號。英國無意間採取的步驟，令阿根廷軍政府認為英國不把福克蘭群島當作值得捍衛的戰略要地，因此阿根廷軍政府合理判斷，如果他們以武力奪取群島，英國頂多採取強烈的外交抗議。

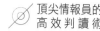

解釋隱晦情資，其實就是把複雜問題簡化為簡單元素的過程。分析官撰寫情資報告時，必須判斷哪些命題讀者已經知曉，因此毋須多做解釋或佐證。基地組織（Al Qaid’a）在賓拉登的帶領下發動九一一攻擊，這就是一種毋須解釋的基礎命題。俄羅斯軍事情報機構格魯烏於二〇一八年企圖在索爾茲伯里謀殺斯克里帕爾一家人，這也是一種毋須解釋的命題，是討論俄方行為的基礎。

伊拉克的薩達姆．海珊（Saddam Hussein）於二〇〇二年仍在發展非法的生物戰計劃，這也被當成是毋須解釋的命題——結果此命題錯誤，這就是危險所在。此命題曾經成立，但後來已經不成立了（分析官卻不知情）。分析官解釋情資報告所使用的心理地圖已經過時且無法反映現實。哲學家理察．羅蒂（Richard Rorty）曾寫道：「唯有一種方法能驗證一條信念的真實性或一項行動的正確性，那就是引述我們為自身想法和行動做提出的理由。」[9]

然而，以簡易命題解釋複雜狀況時，必須注意一件事情。[10]我們會很想直接切入複雜的論點，以平易近人的詞彙加以呈現，令讀者或聽眾做出情緒層面的反應。例如，我們有時會把同事貼上「難以共事」或「容易共事」的標籤。政治人物在電視訪談或辯論時，有可能提到「敦克爾克精神」（Dunkirk spirit）、一九三〇年代對法西斯主義的綏靖政策、珍珠港事件及預測奇襲的失敗，或是一九五六年蘇伊士運河事件中，英國企圖佔領埃及運河區的時候高估己方實力。我們一聽到這些典故，就知道背後的意涵。現在，「莫忘二〇〇三年入侵伊拉克之役」也屬於類似的迷因，警惕我們和美國走太近的危險。這種粗糙的敘述手法被用來代稱更為複雜的現實，其誤導人的機率高於開導人的機率。歷史並不一定會重演，即便是悲劇也不一定。

這些案例的教訓就是，我們必須準確解釋眼前所見。

檢驗解釋、挑選假說

我們要如何得知自己已得出具有充分說服力的解釋？英美兩國的刑事司法體系，會在法庭上請檢察官和被告律師對事實提出解釋，並以對抗式的過程檢驗各方解釋。情報分析官很可能無意間過於想要闡述已知證據如何支持自己喜歡的解釋，以及反面證據為何不應納入報告。

遇到必須挑選解釋的情況，可運用「奧卡姆剃刀」（Occam's razor，得名於十四世紀聖方濟各會修士奧卡姆的威廉［William of Ockham］），找出哪一種解釋毋須仰賴眾多錯綜複雜且成立機率極低的假設，並以該解釋為主要論調，畢竟假說背後的假設均須滿足，該假說才得以成立。只要添加眾多華麗的假設，任何事實皆能符合自己偏好的理論。這就是陰謀論猖獗之處。有句古老的醫學諺語：若聽見疾馳的蹄聲，請優先假設是馬在奔馳，而不是斑馬逃離動物園。[11]

相對可能性

嚴肅思考情勢之際，必須了解替代假說成立的相對可能性。例如，檢驗證據之後，我們可能會判斷本次駭客攻擊的元兇並非敵國情報機構，而是一個犯罪組織。機率是表達可能性的語言。假設有一個賭博遊戲使用一顆六面骰子，但我認為骰子被動過手腳，因此六號出現的機率較高。為了檢驗「骰子公正」之假說，我可以擲骰子多次。根據第一原理，公正的骰子出現任何一面的機率為六分之一。每一次擲骰子的結果，皆獨立於前次。因此，骰子有可能連續出現同樣的結果，例如連續三次或甚至四次的結果皆為六（連續四次出現六的機率很低，1/6 x 1/6 x 1/6 x 1/6 = 0.0008，不到千分之一，但並非零）。因此，如果骰子連續出現六，我毋須太過驚訝；但如果我擲骰子一百次，其中有五十次出現六，我便有理判斷骰子被人動過手腳。

這顆骰子擲愈多次，出現六的比例就愈穩定。如果擲一千次或一萬次的結果仍然一致，我們的判斷就愈有可能成立。我們對於「骰子不公正」之假說的信心，來自對於資料的分析。資料分析使我們掌握符合假說（骰子公正）和符合替代假說（骰子不公正，出現六的機率較高）的結果之間的差異。

上述案例中，我們必須思考的關鍵問題是：如果骰子公正，擲一百次出現五十次六的機率為何？這就是本章稍早提及的貝氏推論法。其中的差異愈大，我們就愈有理相信證據指出骰子不公正。這就是情報分析官所謂的「競爭假說分析」（Analysis of Competing Hypothesis，簡稱

ACH），是西方情報評估中極為重要的結構式分析技術，由中情局分析官理查・豪雅（Richards J. Heuer）所提出。[12]首先，列出所有可能成立的解釋（替代假說）。接著，檢驗各項證據、各項推論、各項假設，並評估選擇不同的解釋之間是否有顯著的差異（意即該情報的「可辨別度」，英文是用「discriminatability」這個醜陋的詞彙指稱）。最後，挑選反對證據最少的解釋。

可惜的是，日常生活中遇到的情況絕大多數無法透過反覆驗證加以檢驗，亦無法預先知道或根據第一原則推論，哪些結果適合拿來和觀察到的資料做比較（例如公正骰子的特性）。我們可以證明骰子不公正，卻無法以相同的方式證明主管是否對團隊某個成員有所偏見。然而，我們如果設定「主管有偏見」的假說，就能以觀察到的行為證據加以檢驗。我們必須以自己的判斷評估涉案人士的動機，以證據檢驗各種解釋行為的假說，並盡可能辨別各種假說。如果以這種方式把貝氏推論法應用於日常生活情境，我們便能得出最能解釋觀察資料的假說，以及對該假說的信心程度。這項結果必然是主觀的，但乃是從已知證據能獲得的最佳結果。因此，我們如果發現新證據，當然必須做好調整的準備。

SEES模型第二階段：解釋

因此，SEES模型第二階段的第一步，即為決定要拿哪些可能的解釋（假說）進行交互檢驗。我想以一個關於情報的案例做為開頭。假設甲國是非核武國家，但秘密情報揭露甲國的軍事部門正企圖秘密進口一種特殊的高速引信，而這種引信可用於核武發展，亦可用於非軍事研究。雖然我知道甲國擁有濃縮鈾的能力，但我不確定甲國是否正自行發展核武，違反國際的《核武禁擴條約》（Nuclear Non-Proliferation Treaty）。

甲國之所以進行秘密採購，可能是因為甲國政府認為公開為民事用途採購這種引信必定會引發誤解，因此採取謹慎措施。再者，甲國的非軍事研究機構採取軍事採購管道也有可能只是為了方便，畢竟國防預算比較充沛。其中一個假說可能是這些引信的確是用來發展非法的核武計劃，而替代假說就是這些引信乃是用於無害的民事用途，但此外亦有可能有其他的假說必須驗證：這些引信可能用於非核武方面的軍事用途。重點是我們必須為各種可能的解釋提出相對應的假說（以專業術語而論，就是「耗盡解決方案空間」）。第一條假說亦可細分成兩條假說：其一，甲國政府為了發展核武而核准採購；其二，甲國軍方為了發展核武而採購引信，但是政府不知情。

如此一來，我們便能提出互相排斥的假說以供檢驗。現在，我們可以開始檢視證據，分析證據是否能協助我們辨別各個假說。首先，我們列出可能影響判斷的關鍵假設，並思考如果改變假設，證據的效力會如何改變（例如，分析官可能會先入為主地認為任何核研究皆由軍方掌握）。我們會列出自己所做的推論，並判斷這些推論是否正當（採購文件上未列出終端使用者，可能代表有所隱瞞，但也可能是因為該國政府的海外採購習慣由進出口中間商進行）。最後，我們檢視各項情資（不只是秘密情資，也有可能是公開情資），以貝氏推論法分析各項情資在各條假說下的出現機率，藉此辨別各條假說，同時如前一章所述，檢驗我們對各項情資的可靠度有多大的信心。

有些情報可能符合所有的假說。這種情報無論讀起來有多迷人，皆須先擱置一旁。如果這種情報當初費盡千辛萬苦、甚至冒著生命危險才取得，那這種情形就更是令人氣餒。我們可以繪製一個表格（在情報界稱為豪雅表，得名於結構式分析技術先驅理查・豪雅），每一欄皆代表一條假說，每一列皆代表一項證據，每一格則是證據和假說的契合度。

有時候，主要的證據來自一份情報。這種情況下，明智的分析官將會重新檢視該份情報的來源。根據經驗的教訓（包括二〇〇二年對於伊拉克是否持有生化武器的評估），一旦我們選定

◎此虛構案例之豪雅表

	來源 可信度 關聯度	假說一：與核武實驗相關	假說二：供非軍事研究使用
證據一：已知該國具有濃縮鈾能力，這有可能是動機所在	假設 中 高	符合	符合
證據二：透過進出口商採購	推論 高 中	符合	較不符合
證據三：倉儲設施周遭出現軍事安全部署	影像 高 中	符合	較不符合
證據四：透過秘密管道取得高速引信	人類情報 尚在檢驗階段的新來源 高	符合	非常不符合
證據五：倉儲設施收發加密高階軍事通訊	訊號情報 高 高	符合	非常不符合

最喜歡的解釋，心裡就會無意識地抗拒改變；如果出現與該解釋矛盾的新證據，我們很可能認為新證據不可靠，或把新證據當作異數而置之不理。列出表格就是建立數據軌跡，追蹤分析官得出結論的歷程。如果後來出現質疑該結論的新證據，令人懷疑某些情報是刻意捏造的騙局，這種紀錄就非常珍貴。本書第五章將提及，英美分析官當年遭到伊拉克叛逃人士刻意欺騙，誤認為薩達姆．海珊在二〇〇三年擁有機動性生化戰設施。

運用豪雅表分析各項假說，屬於英美情報界的結構式分析技術。生活中遇到的任何問題，如果需要以條理分明的方法交叉檢驗各種不同的解釋，就可以使用這套方法。豪雅曾引用班傑明．富蘭克林（Benjamin Franklin）於一七七二年擔任美國駐法大使時，向約瑟夫．普利斯特里（Joseph Priestley，最初發現氧氣的人）所說的話。富蘭克林當時在描述自己下定決心的方法：

……以半張紙為基礎，畫線分為兩欄：一欄記利，一欄載弊……於每個標題前寫下不同的動機……支持或反對該措施。如此一來，一切一覽無遺，我便能評估它們的相對權重。兩邊權重看似相等的項目，我便將其消去，直到算出最後的差額……並以此為根據下定決心。

實際案例中，可能會出現指向雙邊的證據，所以最後必須進行權衡。根據科學方法的邏輯，最理想的假說通常是反對證據最少的假說，而不是支持證據最多的假說。如此一來，我們就能避免無意間挑選支持自己心中青睞之假說的證據。各位下次面臨艱難決策的時候，敬請運用這套結構式技術。

我們必須否證替代假說，而不是證明心裡最喜歡的假說。有一項意想不到的案例能闡述這點：二〇一六年美國總統大選。這場選舉的競選期間充斥著對於「假新聞」的指控（包括俄羅斯情報特務為了抹黑候選人希拉蕊・柯林頓[Hillary Clinton]所散佈的假新聞）。當時網路上流傳一則故事，搭配川普年輕時的照片，謠傳川普一九九八年間接受《人民》（People）雜誌採訪的時候曾言：「如果我要選，我會以共和黨的名義參選。他們是全美最笨的一群選民，盲目相信福斯新聞（Fox News）所說的一切。我撒的謊他們必定照單全收。我覺得我的民調一定棒極了。」

這聽起來很川普，但問題是川普從未向《人民》雜誌說過這段話。只要搜尋《人民》雜誌的庫存，就能否證這條假說——川普從未接受他們的採訪。[13]這是一則可否證的消息，「川普曾經說過這段話」的假說，經過查驗後便能立即證明為不實謠言（這也有可能是謠言作者的狡詐意圖，讓大家認為其他反川普的消息也有可能是假的）。關於想法和動機的主張，絕大多數無法否證，所以無法以清楚的方式證明其真偽。因此，我們必須進行明智的判斷，運用豪雅表權衡各項正反證據，藉此得出結論。

檢驗假設和假說

SEES模型第二階段中，我們必須判斷自己的解釋對假設和前提的敏感度。當初遇到何種條件，我才會改變想法？我們在挑選可能性最高的解釋時，經常也會仰賴某項關鍵假設，因此我們必須釐清這層仰賴關係，並思考替代假設是否會改變我們的結論。假設無可避免，但情勢會變遷；當初認為理所當然的事情，可能會隨時間改變而不再如此。

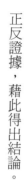

比較替代假說等結構式分析技術能帶來龐大的優勢，迫使分析團隊透徹地剖析各項證據，甚至重新檢驗某些假說背後之情報的來源可靠度，抑或承認某些假設不再成立或在問題的脈絡中並不合理。

本書下一章將會談到，如果要把解釋轉變成預測模型，藉此評估事情的發展路線，我們就必須誠實面對我們對人類行為所做出的假設。婚姻的基礎假設，就是雙方皆會保持忠貞不二。多數商業計劃之所以失敗，乃是因為過去對於消費者行為的假設已不再成立。政府政策也有可能因為內隱的假說無法反映現實而受挫，例如政府可能認為民眾會覺得某項政策很公平，但事實並非如此。英國的《一九九一年刑事司法法案》規定罰金應隨罪犯之收入而調整。結果發生兩人鬥毆事件，雙方皆有同等責任，但由於他們屬於不同的收入層級，一方遭罰六百四十英鎊，另一方則遭罰六十四英鎊，導致此法遭到強烈抗議而撤銷。

時空拉回到一九九五年的塞爾維亞，我們的任務是針對穆拉迪奇將軍進行評估工作，企圖了解並解釋他的動機。意想不到的是，穆拉迪奇將軍把我們的工作變得非常簡單。

穆拉迪奇拿出皮革筆記本，每一頁皆寫滿筆記。他花了半小時宣讀筆記本的內容，講述塞爾維亞族在克羅埃西亞族及土耳其人的統治下所遭受的苦難。他對族人的歷史有一套自己的詮釋。他提到一三八九年塞爾維亞人在科索沃戰役（Battle of the Field of Blackbirds）中慘遭鄂圖曼帝國擊敗，並認為這場戰役是塞爾維亞人五百年奴役史之開端。他提到一則傳說：開戰前夜，以利亞天使（Elijah）曾向塞爾維亞指揮官拉扎爾（Lazar）顯靈，說明日如果打勝仗，他將獲得一個世俗的王國；明日如果殉難，塞爾維亞人便能在天國擁有一席之地。因此，敗仗依然是屬靈上的勝利，而且為塞爾維亞人從外族壓迫者奪回家園的長久奮鬥提供正當理由。

穆拉迪奇在塞爾維亞那間飯廳裡侃侃而談自己的世界觀。他覺得波士尼亞與赫塞哥維納境內部分地區仍有穆斯林及克羅埃西亞族佔據，乃是長久的奇恥大辱。他認為塞爾維亞是他的國家，西方國家卻捍衛塞爾維亞境內的波士尼亞穆斯林族群，這是一種侮辱。他甚至激動到扯開襯衫大喊：「要殺我就現在下手，但我無所畏懼！」並發誓絕對不會讓外國人的軍靴玷污祖先的墳墓。

我們當晚的任務就是尋求解釋並回答一項關鍵情報問題：穆拉迪奇選擇持續作戰的動機為何？結果，他直截了當地給了我們答案。會後，我們認為最後通牒已有效傳達，但無法對穆拉迪奇產生嚇阻效果，令他停止違抗聯合國。西方國家必須徹底改變政策，才能阻止穆拉迪奇。在聯合國授權下，以北約戰鬥部隊取代聯合國維和部隊，並使用空中武力支援。行動就這樣開始了。首先，法國快速反應部隊進駐伊格曼山（Mount Igman）保護塞拉耶佛。接著，包含兩萬名美軍在內的北約部隊展開部署。兩者藉由強大的空中軍事行動支援。

本故事的終章止於二〇一七年十一月十二日。是日，海牙戰爭罪行法庭上，荷蘭籍、南非籍和德國籍的法官判決，穆拉迪奇為了威脅穆斯林和克羅埃西亞人撤離自我宣布獨立的塞爾維亞族微型國家，其麾下部隊系統性謀殺數千名波士尼亞穆斯林男人和男孩，並反覆強暴婦女族群，其中最年輕的受害者只有十二歲。法官詳細解釋穆拉迪奇麾下的官兵如何對殘忍對待手無寸鐵的穆斯林和克羅埃西亞族俘虜，剝奪他們的食物，最終殺害他們。穆拉迪奇被依戰爭罪判處終身監禁。對此，我感到欣慰。

結論：解釋為何看到眼前所見

我們必須解釋事實，才能理解為何人和事呈現我們眼前所見的樣子。本章介紹如何挑出最好的「假說」，以解釋觀察到的事情。如果我們要正確解釋週遭的世界，我們應秉持以下原則：

- 明白我們對事實的挑選並非中立，且有可能偏向某個特定解釋。
- 明白事實不會自己說話，且可能有合理的替代解釋；挑選最有可能成立的解釋時，應考量其脈絡；事實之間呈現關聯，並不代表有因果。
- 把解釋當成假說，每條假說皆有成立的機率。
- 運用「奧卡姆剃刀」，謹慎列出各項替代的解釋假說，涵蓋所有可能性，就連最直截了當的假說也要包含在內。

- 交叉檢驗各項假說，透過貝氏推論法，運用證據辨別各項假說。
- 小心自己有可能以某種無意識的方式在檢視替代假說，造成情感、文化或歷史偏誤。
- 把反對證據最少的解釋假說當作最有可能符合現實的假說。
- 進行敏感度分析，思考自己在何種條件下會改變想法，藉此產生新的見解。

第03章

評估

——建立解釋模型，充分搜集資料，才能進行預測

一九六八年八月中，匈牙利。我開著荒原路華（Land Rover）的老車，和大學朋友沿著捷克斯洛伐克邊界前進。這是我們東土耳其之旅的第一站，但我們並沒有想到，一路上必須不斷閃避邊界上的蘇聯戰車運輸縱隊。當時，我們一行人並不知道——倫敦的聯合情報委員會也不知道——這些戰車部隊已經接獲命令，準備穿越邊界，入侵捷克斯洛伐克。克格勃主席尤里・安德洛波夫（Yuri Andropov）決定採行威嚇與欺騙的雙重戰略，打擊捷克領導人亞歷山大・杜布切克（Alexander Dub ek）在布拉格推行的改革措施。[1]

透過衛星觀察和訊號情報，英美兩國和北約的情報分析團隊知道蘇聯軍隊正在進行部署（我一年後加入政府通訊總部後便了解其原理）。莫斯科和布拉格之間針對杜布切克的改革措施展開口水戰，西方國家的外交政策圈也在關注此事的動態。杜布切克以「人性化的社會主義」

（socialism with a human face）做為改革口號，西方國家和捷克國民皆希望這個經典口號能取代僵化死板的史達林教條。

杜布切克競選捷克斯洛伐克共產黨第一書記的主要政見，就是開放媒體自由、言論自由和遷徙自由，推動民生消費品經濟，限縮秘密警察的權力，甚至有可能開放多黨派選舉。杜布切克改革心切，而且背後有民眾的支持。莫斯科曾警告他改革的幅度太大、速度太快，但他顯然再三忽略莫斯科的警告。一九六八年，布拉格幾乎要脫離莫斯科的掌控。

聯合情報委員會上，高層情報官員和政策官員和「五眼聯盟」的代表會面，研討莫斯科是否會重演一九五六年的匈牙利事件，動用武力干預捷克斯洛伐克。[2]此分析階段的目的是為政策制定者預測未來的發展，外行人可能會覺得這是最重要的階段。如果真的能做到預測，那當然很好，但情報專家不喜歡用「預測」這個詞，因為他們認為「預測」一詞言過其實，誇大了一般情況下可以做到的事情。

分析官看見大量蘇聯戰車在捷克斯洛伐克邊境集結，便知道蘇聯欲對推動改革的捷克政府施加壓力。聯合情報委員會的分析官必定認為自己的狀況認知良好，對於軍情能提出高可信度的解釋，但他們沒有採取下一步，未預測到蘇聯有可能入侵捷克斯洛伐克並瓦解改革派政權。他們推斷蘇聯不可能採取這種粗糙的直接干預，因為這種行為必定會引發國際譴責——「推斷」這個動詞，便能解釋分析師犯錯的原因：他們是理性的人類，但分析的對象是不理性的政權。分析師以莫斯科決策者的角度思考時，依然無法跳脫自己的觀點。

歷史研究發現，當時的蘇聯領導階層堅決粉碎捷克的改革政策，然而當年的情報分析官並不知情。如果西方分析官當初知道克格勃主席尤里・安德洛波夫對捷克改革派採取了哪些主動反制措施，他們可能就會得出不同的結論。

安德洛波夫是蘇聯國家主席布里茲涅夫（Leonid Brezhnev）的關鍵核心顧問，光是這件事情就足以示警，因為安德洛波夫早有前科。一九五六年，匈牙利革命爆發時，安德洛波夫是蘇聯駐布達佩斯大使。這場運動最初只是學生抗議，後來卻演變成武裝政變，企圖建立新政府、開放自由選舉，並退出華沙公約組織。安德洛波夫說服蘇聯領導人尼基塔・赫魯雪夫，唯有無情訴諸武力才能終結這場革命。

安德洛波夫採取的主要手段之一是派遣「潛伏特務」。西方國家直至一九九二年克格勃檔案管理員瓦西里・米特羅欣（Vasili Mitrokhin）向軍情六處提供情資後才發現此事。米特羅欣揭露，安德洛波夫遴選克格勃特務進行特別訓練，並於一九六八年派遣他們以西德、奧地利、英國、瑞士、墨西哥的護照，假冒觀光客、記者、商務人士和學生的身分進駐捷克斯洛伐克。每位潛伏特務皆發每月三百美元的津貼，外加差旅費和租屋費，因為蘇聯認為捷克異議人士比較有可能向來自西方陣營的人傾訴自己的想法。這些潛伏特務的職責是滲透改革派的圈子，包括作家協會（Union of Writers）、激進派媒體、大學和政治集會，同時採取「主動措施」抹黑異議人士的名聲。蘇聯總理大聲譴責西方陣營的挑釁和破壞（聲稱發現美國武器的藏匿地點，並展示出一份假文件，上面有美國推翻布拉格政權的計劃）。他以這些主張來合理化蘇聯對捷克斯洛伐克的干預，但這些其實都是克格勃「潛伏特務」的傑作。

一九六八年八月，蘇聯以防制帝國主義陰謀為藉口，從俄羅斯和其他四個華沙公約國派遣軍隊入侵捷克斯洛伐克，佔領機場、接管政府機構，並將捷克軍隊官兵關在軍營。杜布切克及其幕僚被克格勃官員押至莫斯科，在強烈威嚇之下屈服於蘇聯的要求。

今日，我們看見莫斯科遵循前蘇聯的劇本，運用相同伎倆阻止烏克蘭向歐盟靠攏。西方國家的分析官雖然了解蘇聯的歷史，卻仍未預測到俄羅斯會奪取克里米亞，並以武力介入烏克蘭東部地區。分析官知道蘇聯過去曾使用的威嚇手段、政治宣傳和骯髒伎倆，例如一九六八年利用「小灰人」滲透捷克斯洛伐克的計謀，然而他們沒有預測到「小綠人」——媒體對俄羅斯特種部隊的暱稱——會出現在烏克蘭。

預測通往未來的道路

了解事情的未來發展，猶如把一位旅人丟到一個陌生的國家，給他一張地圖，上面只畫有部分地形，並請他穿越這個國家，然後預測這位旅人最有可能採行的路線。可想而知，地圖或多或少都是簡化的結果。強納森．史威夫特（Jonathan Swift）在《格列佛遊記》中寫道，唯一完美的地圖就是一比一的地圖，也就是和實際地表一樣大、一樣鉅細靡遺的地圖。[3]那位旅人的地圖上有空白的部分。面對資訊不足的地域，中世紀的製圖師會標註「此處有龍」。但現實情況本身並不存在空白的部分：問題不在於現實情況，而是在於你對現實情況的掌握程度。

美國國家情報委員會（US National Intelligence Council）於一九九〇年，也就是南斯拉夫獨裁者、前游擊隊指揮官狄多元帥（Marshal Tito）死後十年，發布「南斯拉夫的轉變」（Yugoslavia Transformed）評估報告，[4]這是正確預測國際情勢發展的案例。美國分析官明白狄多長期統治的模式。南斯拉夫地區住有不同的民族：塞爾維亞族、克羅埃西亞族、斯洛維尼亞族、波士尼亞穆斯林。這些民族之間有著巨大差異，而且在歷史上征戰不斷。狄多將這些民族團結在一起，打造一個統一聯邦。如果國家內部分歧嚴重，獨裁者經常運用平衡部族忠誠的手段來統治，狄多亦是如此；政府在某方面賦予一個族群利益，就必須在另一個層面對另一個族群讓步。同時，狄多設置忠誠於自己也忠誠於南斯拉夫這個概念的內部安全機構，負責偵查潛在的爆發點並加以拆除，找尋潛藏的異議份子並加以驅逐。狄多死後，這個核心無以為繼。塞爾維亞族的領導人開始操弄塞爾維亞民族主義和宗教情緒，並向莫斯科尋求支援；克羅埃西亞族轉而尋求德國天主教徒的聲援；波士尼亞穆斯林則仰賴國際社群和聯合國的保護。美國於一九九〇年發布的評估報告，以坦率的判斷為前南斯拉夫未來情勢做出總結。本書上一章提到巴爾幹半島後來的發展，非常符合美國報告裡的判斷：

- 南斯拉夫聯邦將於一年內失靈，而且有可能於兩年內解體。經濟改革無法阻止解體。
- 科索沃的阿爾巴尼亞族將發動持久的革命。南斯拉夫解體後，雖然不太可能爆發全面的、共和國間的戰爭，但族群之間將會爆發嚴重且持久的暴力衝突。這場衝突將會慘痛異常且難以化解。

●美國和歐洲盟友無法維持南斯拉夫的統一。南斯拉夫人民將把擁護統一的行動視為反民主、反民族自決的行為……德國將口頭上支持南斯拉夫的統一，但實際上靜靜接受南斯拉夫的解體。

倫敦的分析官認同美國對於南斯拉夫的情報分析，但英國首相約翰．梅傑（John Major）的政府並不想涉入這場局勢，因為這場局勢很有可能演變成自相殘殺的巴爾幹半島內戰，畢竟綜觀歷史，巴爾幹半島爆發的內戰衝突向來血腥至極。眾參謀長認為，這場局勢中並無任何值得用武力捍衛的英國利益。我曾向參謀長委員會（Chiefs of Staff Committee）匯報情勢的惡化，他們卻以俾斯麥（Bismarck）的妙語回覆我：「巴爾幹半島的衝突不值得犧牲任何一名波美拉尼亞擲彈兵的骨頭來撫平。」

有很多因素致使我們無法預測事態的發展。最常見的原因就是人類喜歡一廂情願地思考，認為事情總是會朝著我們心中想要的結局發展，對於發展的路程卻提不出任何可信的因果解釋。我們會這麼做是因為我們不想面對醜陋的真相，不想承認事情的結局可能不是自己所樂見的。英國對於脫歐策略的爭論，把這層人性赤裸裸地展現無遺。

正確得更多與錯得更少之間的抉擇

分析官如果沒有預測到某場侵略行動，便很容易招致批評，他們知道自己必定會遭受「情報失誤」的指控。根據經驗法則，分析官寧願冒著誤判的風險發出警報，也不願等到事情發生後才被指控沒發出警報。沒有發出即時警報，事情卻發生，其代價遠高於發出警報但事情沒發生。懷疑論者可能會認為分析官很現實，知道如果發出警報但事情沒發生，通常都可以找到為自己開脫的原因，以解釋為何事件的走向不符合預測。另一方面，分析官如果事前沒有發出警報，而事件卻爆發，令政策決策者措手不及，那就無從辯解。

在這種情況下，分析官面臨所謂「偽陽性／偽陰性」（false-positive/false negative）的問題。此問題出自品質控管領域，是諸多研究的探討對象。[5]汽車製造商也面臨同樣的問題。汽車出廠前，製造商必須進行檢驗，並把不良品通過檢驗的機率（判定為安全，但其實不安全，意即偽陽性）調整至理想的數字，因為這種汽車很有可能發生故障，迫使公司花費鉅資將其召回，並損害公司的聲譽和銷售績效。然而，如果太多汽車遭誤判為不安全而退件（判定為不安全，但其實安全，意即偽陰性），汽車公司將承擔巨大的重製成本。

同樣的邏輯更是適用藥品和食品。標示為「無堅果類」的食品，就不應含有堅果類成分，不然對堅果過敏的人吃了可能會喪命，但這也代表製造商必須設置嚴格的檢測系統，將偽陽性的通過率壓至極低。這將造成偽陰性的退件率提升，進而可能導致生產成本大增。多數製造業的檢測系統皆容忍較高的偽陰性，換取較低的偽陽性。然而，軟體產業卻因為成本考量而允許高偽陽率，等到顧客使用軟體發現錯誤後，再發布無數的修補程式和更新檔。我想這應該眾所週知。

這也適用於情報和安全的領域。例如，涉入暴力極端主義的人士，必須列入禁飛名單（No Fly List）。決定一個人是否涉入暴力極端主義的時候，政策決策者會希望系統能謹慎為上，意即接受較多的偽陰性。這樣的系統當然會把某些人誤判為危險人士，並對其造成極大的不便，因為他們將無法搭乘飛機。這就是壓低偽陰性（判定為安全，但實際上卻危險，嚴重的話可能會縱放恐怖份子夾帶炸彈炸毀客機）的代價。

又例如，情報機構可能會藉由演算法從巨量數位通訊資料中檢索關於恐怖份子嫌疑人的資訊。演算法如果允許太多偽陽性，就會檢索到太多沒有情報價值的資訊，浪費分析官的寶貴時間，且有可能無端侵犯民眾的隱私。但如果允許太多偽陰性，邊有可能遺漏重要的資訊，讓恐怖份子逃過偵查。我們必須權衡偽陽性和偽陰性之間的相對代價，才能建立最佳的解決方案。本書下一章將會談到一個極端案例，意即所謂的預防原則。根據此原則，如果有人類受傷的風險，就不能允許任何偽陽性。實施此原則的成本非常高昂。[6]

負責資料分類的演算法，也會遇到偽陰性／偽陽性的兩難。這些演算法以大量的歷史資料為訓練素材，每個案例皆有類別標記（例如：嫌疑人／非嫌疑人），人工智慧程式會找出最有效的指標來分類資料。然而，實際部署演算法之前，必須以輸入資料的已知特性為基準，測試輸出結果的準確度。如果直接以單一數字為規則，例如將演算法的決策正確率設定在九十五％，意即和已知訓練資料相比，演算法的決策有九十五％是正確的，這就有可能因為偽陽性和偽陰性的比例及兩者分別的代價而產生問題。評估演算法準確度的其中一項方法，就是把準確度定義為「演算法判定為陽性的訓練資料裡，真陽性的比例」。準確度的定義通常是真陽性和真陰性占總訓練資料組的比例。有一種現代統計方法可用於大數據：把各種規則之下的偽陽性和偽陰性期望值畫在平面上，並以曲線下的面積（area under the curve，簡稱AUC）為總體的成功率指標。[7]

接獲警報卻不願採取行動

政策界有時需要經歷震撼才能體認到正視警報的重要。一九九三年四月，我協同英國國防大臣馬爾康・芮夫金（Malcolm Rifkind）赴華府參與納粹大屠殺遇難者紀念館（Holocaust Museum）的開幕典禮。是日，我們首先前往阿靈頓公墓（Arlington Cemetery），向當年解放集中營的官兵致敬。家父二戰期間服役於第八軍團參謀A部，擔任黑衛士兵團（Black Watch）的軍官。他曾向我描述一九四四年進入剛解放的集中營時所見到的慘況。我記得他只向我說過一次，因為他想要壓抑這層記憶。

是日稍晚，諾貝爾和平獎得主艾利・魏瑟爾（Elie Wiesel）向美國總統比爾・柯林頓（Bill Clinton）、以色列總統哈伊姆・赫佐格（Chaim Herzog）和眾多貴賓發表慷慨激昂的演說，主張我們必須把這慘劇的記憶傳承下去。他訴諸情感，請眾人銘記當年華沙猶太區起義（Warsaw Ghetto Uprising）時，盟軍並沒有給予支援，而猶太反抗軍挺身而出時，盟軍亦沒有給予支援。[8]他引用納粹大屠殺博物館入口處岩石上所刻的銘言：「為了逝者和生者，我們必須見證這一切（For the dead and the living we must bear witness）。」接著，他面向柯林頓總統和第一夫人希拉蕊・柯林頓，並提醒他們：「如何運用這些記憶，也是我們的責任……總統先生，我一定要告訴您這件事。去年秋天造訪前南斯拉夫……看到當地的情況後我徹夜難眠。身為一名猶太人，我呼籲我們大家必須採取行動終結該國的殺戮！人民交戰，孩童喪命。意義何在？我們必須採取行動，任何一點行動都可以。」

魏瑟爾表示，歐洲正重演種族屠殺的慘劇，而且是在總統先生您的眼皮底下重演，盟軍再次隔岸觀火、無所作為。在場聽眾沈默無聲，羞愧難當。接著，與會的集中營倖存者爆發響亮的掌聲。是年稍晚，聯合國安全理事會（UN Security Council）終於授權聯合國保護部隊（UNPROFOR）進駐波士尼亞從事人道行動。英國在他國的說服之下，願意為部隊提供總部和戰鬥步兵團。如前一章開篇所述，這支弱小的藍盔白車部隊根本無力嚇阻波士尼亞境內之塞爾維亞族和克羅埃西亞族的攻擊行動，更是無法阻止一九九五年發生於斯雷布雷尼察的波士尼亞穆斯林大屠殺。

向領導人提出警告並非易事。古希臘神話中，普里阿摩斯（Priam）國王的女兒、特洛伊公主卡珊德拉（Cassandra）受神明阿波羅（Apollo）賜予預見未來的能力。然而，她後來拒絕阿波羅的求歡，於是阿波羅詛咒她，令她雖有預言天賦卻不受眾人信任。希臘人在特洛伊城外留下巨大的木馬，假裝解除圍城。卡珊德拉警告特洛伊人應留心希臘人的禮物，但特洛伊人不相信她的話，堅持把木馬牽進城內。奧德修斯（Odysseus）和他的部隊躲在木馬之內，待到夜晚才爬出來並打開特洛伊的城門，讓希臘軍隊長驅直入。卡珊德拉站在特洛伊的街道上哭喊著：「愚昧的人哪！汝等不明白自己的命運……我從未如此大聲疾呼，汝等卻不相信我的話！」[9]提出警告卻不為人所信，這就是多年來眾多情報分析官的命運。這種事情在未來依然會重演。在情報界裡，這種現象稱作「卡珊德拉效應」（Cassandra effect）。

眾人不相信卡珊德拉的警告，有可能是因為懷疑卡珊德拉的動機。一九八二年，南大西洋破冰巡邏船堅忍號的船長曾提出警告，根據他對阿根廷媒體的監測，阿根廷軍政府就快對外交談判失去耐心了。但這些警告得到非常人性的回覆：「他當然會這麼說，不是嗎？」畢竟一九八一年的國防支出檢討提出削減軍力後，他的船隻便被迫退役。

卡珊德拉的預言不為人所信也有另一種可能的原因：她過去有太多預言未實現，產生所謂的警報疲勞。這就是《伊索寓言》裡「狼來了」的故事，有可能代表提出警報的門檻過低，必須提高，全村不能聽見一聲「狼來了」就全部跑出來（但請記得，本章稍早談到偽陽性和偽陰性的問題。調升警報門檻便會增加忽略真實威脅的風險）。發送訊號造成警報不斷，使敵人對真實的危險麻痺，這是自古就有的戰術。此外，警報也必須明確具體，才能讓決策者採取合理行動。光是警告觀光勝地魯瑞坦尼亞（Ruritania）有發生政治動亂的風險，並不足以讓觀光客明白自己是否應取消前往魯瑞坦尼亞海邊度假的計劃。

或許，可憐的卡珊德拉本來就不是充分可信的情報來源，且原因和她的情報本身之客觀價值並無關聯。當年德軍入侵蘇聯之前，史達林（Joseph Stalin）曾於一九四一年間接獲警告，說明德軍有可能對蘇聯發動奇襲。蘇聯的情報來源十分可靠，包括所謂的「劍橋間諜」，其中有些人甚至能取得布萊切利園對德軍最高統帥部的恩尼格瑪密碼機（Enigma）訊號的解密結果。然而，史達林忽略這些警報，認為情報的品質好到不可信，極可能是盟軍刻意捏造的結果，目的是讓蘇聯把德國當作敵人看待，並無視兩年前史達林同意簽署的一九三九年《德蘇互不侵犯條約》（Molotov–Ribbentrop Pact）中的和平條款。

特洛伊人無視卡珊德拉的警告，亦有可能是因為他們認為採取預防措施的代價過高。根據傳說。特洛伊人擔心他們如果拒絕希臘人的木馬贈禮，便會惹怒眾神。如果我們出現某病症，但想到去給醫生做診斷的話，就有可能導致無法搭乘飛機，使期待已久的陽光度假泡湯，我們可能會裝作沒發現這些症狀。

以機率表示預測和預報

很可惜，情報分析官唯有在極少數的情況下才能完全篤定事態接下來的發展。多數的評估皆有前提假設的限制，因此分析官在判斷未來發展時，會提出他們對某個判斷的信心水準——就是判斷正確的機率。這種機率不同於和骰子或輪盤等賭博遊戲所使用的機率。賭博遊戲中，我們能以用某數字出現的頻率為基礎，評估特定結果出現機率。如果擲出一個公正的骰子，我們便知道下一次擲骰子出現六的機率六分之一。我們如果要打賭骰子是否會出現六，我們知道自己必須接受這樣的機率。這就是頻率論（frequentist）的機率觀。同理，情報分析官也會合理設定評估正確的機率，這就是他們對自己判斷的信心水準，也就是所謂的「主觀機率」。[10]

如同政治民調機構，情報分析官喜歡為各種可能結果設定機率。例如，美國國家情報總監（Director of National Intelligence）丹．科茲（Dan Coats）於向參議院情報委員會提交的全球威脅評估報告中，預測俄羅斯、中國和伊朗等競爭對手「有可能已把二〇二〇美國總統大選當作推進自身利益的機會」。[11]此處的「可能」（probably）所指的機率，可能是五十五％至七〇％之間，意即分析官如果打賭的話，應接受的正確機率（如果機率高於七〇％，就等同於運動彩券公司把賠率設定為二比一）。

如果預測結果高度仰賴外部事件，此事件通常會列為假設，讓閱讀評估報告的人了解這層依賴關係。專業分析官習慣使用使用「不太可能」或「有可能」等限縮字眼。英國的機率分級乃是由內閣辦公廳的情報分析長（Professional Head of the Intelligence Analysis，簡稱PHIA）所制定，並受英國情報界採用。下方的機率分級取自國家刑事局（National Crime Agency）的《國家策略評估》（National Strategic Assessment，簡稱NSA）。[12]

機率和不確定性

《國家策略評估》報告在探討各項威脅和主題的時候，皆使用「機率分級制」（probability yardstick，由情報分析長定義），藉此維持機率評估的一致性。下圖定義各級機率區間所適用的措辭。

美國情報界也公布一份表格，列出如何以日常語言（左頁下表第一

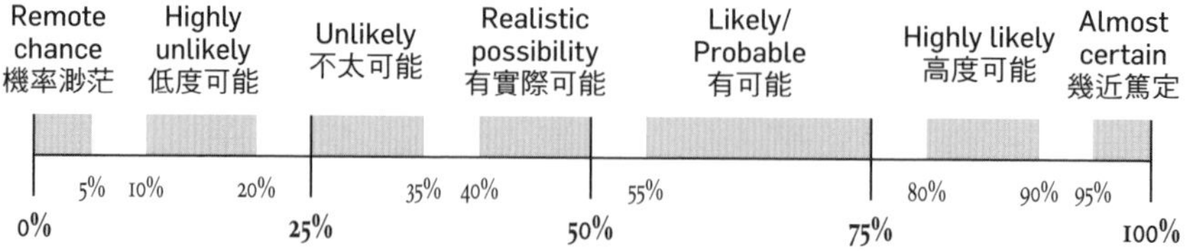

列）和機率語言（下表第二列，第三列則是相符的機率區間）表示可能性。[13]

英美兩國分析官所使用的分級，差異在於英國的機率區間之間存在空隙，這是為了避免美國的分級會遇到的問題：如果結論是「約莫二〇％」，要用哪一個措辭？兩名分析官可能會爭執要用「很不可能」或是「不太可能」。這種爭執固然合理，卻毫無必要。區間之間的空隙避免這層問題的發生。分析官面對的挑戰在於，如果結論落在空隙，該怎麼辦？分析官應享有裁量權，可以合理主張某件事的發生機率為「七十五至八〇％」。分級制度是一份指南，一套最低標準，但分析官應享有自主裁量權，在辦得到的情況下，可以選擇把自己的結論描述得更為具體或更為精確。預留五至一〇％的空隙是合理的做法，可以

Almost no chance 幾乎沒機會	Very unlikely 很不可能	Unlikely 不太可能	Roughly even chance 大約各半	Likely 有可能	Very likely 很有可能	Almost certain 幾近篤定
Remote 機率渺茫	Highly improbable 低度可能	Improbable (improbably) 不大可能	Roughly even odds 約莫持平	Probable (probably) 或有可能	Highly probable 高度可能	Nearly certain 近乎篤定
01-05%	05-20%	20-45%	45-55%	55-80%	80-95%	95-99%

在支持證據難以取得的情況下避免過度精確的判斷。

任何做預測的情況皆能使用這套框架，它非常靈活、適用於各種情境，且對決策過程與決策傳達有極大的幫助。例如，下次你說「不太可能」下雨，請記得這仍代表你認為有五分之一的機率會下雨。你可能會接受這樣的風險，決定不帶雨衣。倘若你因為得了流感而虛弱不堪，那麼即便淋濕發燒的機率只有二〇%，也不值得冒這個險。這不單是估算結果機率，更是估算結果的「期望值」（expected value），意即把事件的發生機率乘以事件發生對你的影響程度。

預測的限制

科幻作家以撒．艾西莫夫（Isaac Asimov）在《基地與帝國》（Foundation and Empire）系列著作中虛構一套未來世界的實證科學：心理史學（Psychohistory）。這門科學以社會學、史學和數學統計為宇宙文明的規律建立預測模型。[14]根據艾西莫夫的想像，雖然統計機制無法預測單個分子的行為（因受量子效應的影響），但可以預大量氣體分子的行為。同理，大規模的歷史軌跡也是可以預測的。

艾西莫夫的小說中，心理史學的虛構創立人哈里・謝頓博士（Dr Hari Seldon）為學門提出關鍵假設：模型所涵蓋的人口基數一定得足夠龐大，且心理史學分析的應用結果不得公布，否則民眾會改變行為，產生反饋效應。其他的假設如下：人類社會不得發生根本上的變遷，且人類的本性及對刺激因子的反應須維持不變。艾西莫夫因此推論，我們可以預測星際文明將於何時發生何種危機，並設置時間之倉，設定在危機發生之際、文明亟需協助時打開，為未來的人民提供指引（透過謝頓博士的全像投影）。

心理史學永無實現之日，或許也是合乎常情。心理史學的主要問題在於無法充分指明初始條件。天氣預測模型中，即便是確定性等式，預測軌跡和實際軌跡的差距在一週後也會變得過大，使預測毫無用處。在複雜的系統中經常使用非線性模型，所以一點點渺小的改變很快便會放大。預測現實有其本質上的限制。即便是最小的干擾（蝴蝶效應的概念），也會產生一串連鎖反應，進而徹底改變天氣系統，在地球的另一端產生颶風。對於國際事務的預測，衡量預測的尺度愈精確，需要考量的變數就愈多，難以預測的因子就愈多，假設就愈多，長期預測的準確度就愈低。[15]

即便是實體現象，也不是任何活動都可以用精確的模型預測。放射性的原子何時會自發衰變？雖然我們可以藉由衰變發生的機率得知任何時段之內的衰變次數，此問題依然無法預測。

雙狹縫實驗中，光子或電子究竟會穿越哪一個狹縫，也只能透過機率來預測（雙狹縫實驗是展示量子物理學核心原則的著名實驗）。

秘密、謎團、複雜互動

我們可以用更深層的方式看待情報，意即區分秘密和謎團。秘密可以透過才智、技術和手段來挖掘，但謎團完全不同。挖掘更多的秘密，不一定會揭開謎團，例如獨裁者的心態。情報分析官如果要了解潛在敵人的心態，就必須盡可能進行評估，因為這會影響政策制定者的未來決策。分析官當然可以檢驗關於情蒐對象的已知資訊，並猜測他們的動機，藉此做出推論，但這種判斷的主觀性強烈。中立的觀察者和母國面臨侵略風險的觀察者，可能會得出不同的結論。

謎團具有很不一樣的證據地位，涉及尚未發生（也因此有可能永遠不會發生）的事件。然而，情報的使用者需要的就是解開這些謎團。一九八二年初，身為阿根廷軍政府鷹派主力的海軍參謀長阿那亞上將（Jorgel Anaya）發布秘密命令，指示幕僚開始為侵略福克蘭群島的行動做準備。自那刻起，英方就有許多秘密可以搜集，但是阿根廷軍政府是否是否會在關鍵時刻核准侵略計劃並發出執行計劃的命令，這個謎團要到後來在才得以揭開。

「複雜互動」更是讓情況變得難上加難。[16]我們現在知道，一九八二年的阿根廷軍政府完全誤測英國對於入侵福克蘭群島的行動會做出何種反應。同樣嚴重的失誤是，軍政府在評估美國將會做何反應時，並沒有充分考量英美兩國之間歷史悠久的國防關係；軍政府可能不知道英國國防大臣約翰·諾特和美國國防部長卡斯帕·溫伯格（Caspar Weinberger）之間的個人交情。溫伯格強烈支持柴契爾夫人採取強硬反制措施，派遣海軍特遣艦隊收復群島的決策，一方面也是因為他想向蘇聯表明，美國不會允許任何武力入侵的行為。

日常生活中，區別秘密和謎團也很重要。原則上，調查計劃只要周密嚴謹且具有充分的侵入性，就能挖掘出許多秘密。例如，你的伴侶可能在手機裡保存和前任的訊息，而且不讓你查看。嚴格來說，這種秘密應該有辦法偷偷讀取（我強烈建立不要這麼做，你的好奇心並非違反隱私權的充分理由。一旦做出這種行為，你對伴侶的行為以及伴侶對你的行為皆有可能無意間發生改變）。但無論你是否發覺這些秘密，有些謎團依然無法解開：你的伴侶究竟為何要保存這些訊息？他們未來是否會聯繫？這些問題就連你的伴侶自己都不確定。你可以發掘關於謎團的秘密，但無法揭開謎團本身。謎團的答案可能取決於你接下來數月的行為，因為這些行為將大大影響你的伴侶對於這段關係的感覺。這種具有複雜互動的情境中，預測必定是非常困難的一件事。

許多人會無視本書第二章的教訓，直接從狀況認知階段跳到預測階段。例如，他們可能會假定現有的趨勢或條件將在未來保持不變。這種錯誤稱為「歸納謬誤」（inductive fallacy）。這就如同憑藉窗外的景象來預測天氣：雖然今日的天氣通常會延續至明日，但如果有鋒面正在快速成形，我們就無法用今日的天氣判斷明日的天氣。如果無視天氣系統背後的原理，大多數的預測仍會正確，但錯誤必定會發生，而且如果發生錯誤，恐怕是後果極為嚴重的錯誤——例如沒有預測到暴洪或是颶風的侵襲。無論是國際事務還是日常生活皆是如此：如果你仰賴假設，但發生錯誤，這個錯誤必定很嚴重。無論是專家還是一般人皆有可能落入這種陷阱。[17]

我很喜歡希臘文的一個詞「phronesis」，意即「實踐智慧」，也就是運用實踐的智慧來預測風險。根據藝術史學家艾德加．溫德（Edgar Wind）的定義，其詞義描述了良好的判斷力如何能推斷人類行為，培養明智且務實的直覺，以判斷事件的發展軌跡。這近乎是一種難以描述的預感：銘記過去，從而正確判斷現在，藉此預測未來。[18]

結論：評估和預測

無論是評估事件將如何發展，還是預測未來將發生何種事件，兩者皆非常仰賴可靠的解釋模型以及充分的資料。有時候我們會無意識地進行評估和預測。當我們思考未來，我們便在心中對現況建構一種模型，並判斷自己所選的解釋模型會如何隨著時間及各種輸入和刺激因子而改變。我們必須事先判別有哪些重要的因素會影響結果，以及結果對情況的改變有多敏感？這就是在思考「接下來會發生什麼事？事件接下來的走向為何？」為回答這些問題，我們必須遵守以下原則：

- 避免歸納謬誤，勿從狀況認知直接跳到預測；請運用解釋模型思考變數之間如何相互作用。
- 了解任何形式的預測皆有限制；好的預測結果，應是對各種可能情境的評估。點狀預測很危險。
- 以機率語言表示自己對判斷結果的信心，使用「有可能」等術語的模式，應謹慎保持一致。
- 切記，壓低偽陽性的比率代表提升偽陰性的比率。
- 一個人或一個組織具有採取某種行動的能力，不代表他們有採取這種行動的意圖。

- 解釋他人的動機和意圖時，一定要注意到自身的文化差異及偏見。
- 根據一已知資訊做出判斷，和根據過往經驗、推論和直接做出判斷是不一樣的（秘密、謎團、複雜性）。
- 剖析他人動機時，必須意識到自己有可能受自身的偏見所誤導。
- 根據自身對事件發展的判斷，積極且刻意地提出警報，藉此導致行為上或政策上的改變。

第04章

戰略性關注

——不被意外所驚訝

二〇一〇年四月十四日，春風強勁的一個早晨，冰島一座名字拗口難唸（艾雅法拉冰蓋，Eyjafjallajökull）的火山爆發了，將細小的火山灰噴入天空，如雲一般繚繞四周。塵埃很快就順著告訴氣流向東南蔓延，跨越大西洋並籠罩北歐的天空。此前，岩漿的高熱融化冰島的冰層底部，融水流入火山爆發處，令噴出的岩漿急劇冷卻，並使塵埃充滿腐蝕性的玻璃粒子；這種粒子如果被噴射機引擎吸入，恐怕會造成危險。翌日，航空交通管制機關警覺問題的嚴重。由於先前不曾針對塵埃粒子的大小及濃度設定可安全航行的上限，他們決定謹慎為上，全面封閉歐洲的空域，並對民航班機全面實施禁飛。這是二戰以來規模最大的封閉措施。[1]

然而，這種極端事件的發生早有預警。這種戰略性關注就是SEES情報分析模型的第四階段。冰島政府多年來一直請求航空公司為火山灰粒子的濃度及類型設定噴射機安全航行的標準，如果航空公司當初有進行測試，二〇一〇年火山爆發所造成的衝擊就不會這麼大。如此一來，即便火山爆發沒有即刻的預警，但合理的因應措施已經到位。

本次事件中，我們學到必須及早關注未來可能對我們產生威脅（或為我們提供機會）的發展，並制定妥善的預防措施。戰略性關注就是一種預測的概念。政府對冠狀病毒疫情爆發其實也有戰略性關注，COVID-19的爆發其實不應令我們措手不及。

對於未來風險的戰略性警報，不等於預測未來風險何時會發生。科學家無法確切掌握火山爆發的時程（或病毒何時會突變成畜傳人），但必定能觀察到預兆。爬梳歷史資料，便能略知火山爆發的頻率。根據預測，我們知道冰島的那座火山在五十年內有爆發的可能，但在二〇一〇年四月火山真正爆發之前，航空機關和飛機引擎製造商卻不認為有必要為此做準備。他們默默接受預防原則：[2]如果大氣中偵測到火山灰，他們就會發布建議通知，實施全民面禁飛，即使對旅客造成極大的不便也在所不惜。

航空公司知道如果大氣中偵測到火山灰，當局便有可能採取基線預防原則，全面實施禁飛，卻沒有預想到要如何處理這種大規模的全球紊亂。二〇一〇年四月歐洲空域全面封閉後，衝擊擴散至全世界。為安全起見，班機必須轉而降落於目的地不同的國家，機上許多旅客卻沒有該國的簽證，因此無法離開機場下榻飯店；復活節假期結束時，學校團體無法返校展開新的學期；也不曾有人想過航班重啟後，受困旅客是否應享有優先購票權。與此同時，飛機引擎製造商急忙進行測試航行，以精準判斷飛機何時才能安全飛越火山灰雲。一週的混亂和迷惘後，總計一千萬名旅客受到影響，航空業總計損失十億英鎊。

一九八二年的福克蘭危機亦是如此。英國政府先前就接獲聯合情報委員會的警告，說明阿根廷有可能已失去耐心，軍政府或許會以自己的方式處理問題。英國政府原本可以擴增海軍部署做為嚇阻，同時採取永久的措施，拓建島上的跑道，讓長途運輸機得以降落（拓建作業今已完成）。這種工程必定非常昂貴，但其開銷遠低於以武力收復群島的行動。武力收復行動共造成一千多人喪命，而且根據估計，其財務成本高達三十億英鎊。

「我覺得這是我一生中最糟糕的時刻。」柴契爾夫人如此形容福克蘭群島突然遭到攻占的事件。然而，柴契爾夫人、她的高階內閣成員及幕僚，皆沒有事先體悟到自身所處的險境。我事後才承認，我們一直在意國防預算等其他議題，導致福克蘭群島的防衛空虛沒有受到充分關注。身為國防部官員，這令我非常難堪。我們默默地假定（這就是奇蹟式思維[magical thinking]）這種需求不可能發生。這則教訓發生在我的職業生涯之初，使我受益良多，至今我仍銘記在心。

與意外共存

SEES模型的第四階段，就是戰略性關注可能會對自己造成影響的長期發展。如果心中沒有這層意識，你很有可能在心理上和身理上沒有做好因應的準備，也不會發現這些事情即將發生的預兆。我們將經歷情報官所謂的「戰略性意外」（strategic surprise）。

戰略性意外和戰術性意外（tactical surprise）的差異在軍事史上源遠流長。將軍向來難以隱藏自己的戰略，但若論選擇攻擊時機和攻擊地點這種戰術上的考量，指揮官可以藉由產生意外來取得優勢，例如挑選敵軍防線中至少起初對攻擊方有優勢之處來發動攻擊。一九四四年，德軍當然知道盟軍正準備發動大規模登陸戰，讓英、美、加聯軍登上歐洲大陸。這個意圖並不意外，因為盟軍欲在歐洲開闢第二戰場的戰略眾所週知，然而盟軍的戰術、入侵的日程、登陸的地點和登陸的方式，皆為德軍最高指揮部所不知道的機密。一九四四年六月六日盟軍登陸諾曼地時，便立即享有戰術性意外所帶來的優勢。

二〇〇五年七月七日倫敦所發生的事件是戰術性意外的悲慘案例。恐怖份子在早晨尖峰時段發動自殺炸彈攻擊，利用背包炸彈襲擊倫敦地鐵以及地面運輸，造成五十二名無辜的乘客喪命，以及更多乘客重傷。由於情報單位事先並無發出警告，這波攻擊震驚倫敦和全世界。然而，對於政府而言，這波攻擊並非策略性意外。

軍情五處總部的聯合反恐分析中心（Joint Terrorism Analysis Center）先前已對倫敦於二〇〇五年經歷恐怖攻擊的風險進行評估。根據情報，居住於英國國內的基地組織支持者有能力也有意圖發動某種形式的本土恐怖攻擊。當局預測倫敦地鐵系統有極可能是恐怖分子發動自殺炸彈攻擊的目標，並制定應變計劃、訓練有關人員。二〇〇三年九月，地鐵還舉辦全面性的恐怖攻擊實況應變演習，收治大量傷患的緊急救難機構和醫院也參與演習。幸好政府有進行這些演習，因為我們從中學到許多教訓，為兩年後的應變做了準備。[3]同理，二〇一六年英國進行的防疫演習，也有助於我們在二〇二〇年面對COVID-19。演習不可能完全反映真實情況，但如果不進行演習，事件的爆發就會變成戰略性意外，造成更為慘重的傷害。

日常生活亦是如此。例如，我們對於遭竊的風險皆有充分的戰略性關注，所以我們應購買保險。若手機遭竊，我們必定會感到這是一種討厭的戰術性意外，但如果我們早就買好保險，我們便能安慰自己，再怎麼不便都比遭逢戰略性意外來得好。

預防意外的發生

情報界有責任辨認可能造成實質威脅的國際發展，藉此防止討厭的意外發生。[4]一九七三年，以色列情報機構對埃及進行仔細的監測，找尋沙達特（Anwar Sadat）總統準備發動入侵的證據。他們發現埃及部隊有動員的跡象，卻不予以理會，因為軍事情報長伊萊．維拉（Eli Veira）少將認為自己對戰爭的爆發擁有戰略性關注。根據他的推論，如果埃及沒有從俄羅斯大量進口軍備，也沒有和敘利亞組成軍事同盟，埃及必定會戰敗。由於情報單位並未偵測到埃及從俄羅斯進口軍備，埃及亦沒有和敘利亞組成軍事同盟，他便認為戰爭不可能發生。

然而，維拉少將沒有注意到埃及的沙達特總統根本不想擊敗以色列軍隊。沙達特總統的計劃是透過奇襲奪取西奈半島，接著呼籲停火，然後以這樣的優勢地位和以色列展開和平談判。要不是以色列在贖罪日（Yom Kippur）前夕接獲在埃及的頂尖間諜所發送的情報，以色列根本不會有時間動員部隊抵抗攻擊。以色列差點就得承擔嚴重的後果。這起事件說明奇蹟式思維的雙重力量：奇蹟式思維讓人以為世界的發展會自然而然地符合自身的期待，並反面解釋所有的證據，以說服自己一切安好。

我們得出一個重要的結論：如果發生意料之外的事件，我們就必須急忙應變。這種事件不一定今日發生，但以前曾經發生過。如果我們沒有為這種萬一做好準備，我們將會被殺得措手不及、羞愧不堪，被迫急忙採取補救措施。這包含所謂的「慢性」議題（例如COVID-19），這種問題會緩緩接近我們，令我們到最後才驚然發現臨界點已至，被迫採取應變措施。全球暖化所造成的氣候變遷即屬慢性議題，科學家數十年前便知道此事。現在，氣候變遷已達到臨界點，造成極地冰層融解和極端氣候，然而氣候變遷惡化的議題直至最近才受到大眾重視。

伊斯蘭國（ISIS）在敘利亞和伊拉克地區建國，是另外一個案例。恐怖份子佔領並控制兩國各地之際，情報官逐漸意識到重大的危險情勢正在醞釀。這是失敗的戰略性關注，因為我們沒有注意到聖戰士參與敘利亞內戰，加上伊拉克遜尼派（Sunni）叛亂的殘餘勢力，竟會產生一種權力真空的狀態。重大風險的早期警訊可能很微弱，而且在現實的背景雜訊裡難以辨別。例如，我們近期才意識到若干對國家的威脅重新出現，包括數位顛覆、數位宣傳，以及針對電力設施或通訊設施等重要基礎設施的網路攻擊。這種攻擊有可能會產生嚴重的後果。

把事件的發生機率乘以事件的衝擊程度，即得出所謂的「事件期望值」。我們都知道如何計算一筆賭注的期望值：贏率乘以淨報酬（獎金扣除注額）。如果勝率是一〇〇比一，即屬於低勝率高報酬，但倘若勝率很高，報酬就會變低。我們也知道，如果把一連串單筆賭注之淨值加總，便可得出總期望值。輪盤類的賭博遊戲更是凸顯這種效應。如果輪盤是公正的，下注時便無須考慮任何技巧。長期而言，博彩公司和賭場永遠是贏錢的那方，正因如此這些場所才能營運至今（但賭徒仍會再三光顧，因為他們喜歡賭博帶來的非金錢價值：刺激感）。

有時，發生機率低但後果嚴重的事件（我們根據經驗判斷不會發生或發生機率極低的事件）仍然會突然發生，令我們感到意外萬分。[5]這種事件有時稱為「長尾」風險，因為它們處在風險機率分佈圖的末端（也就是尾巴），而非「預期中」的中間區域。二〇〇七年爆發的金融海嘯即屬此例。[6]我們也有可能受直覺誤導，認為某事件的結果可能高於平均數（中位數）或是低於中位數，因為許多大規模的自然過程皆呈現所謂的「常態」鐘型對稱機率分佈。然而，有些情勢則屬例外，糟糕的結果呈現面積寬廣的長尾分佈。

對工程師而言，期望值就是風險等式的概念，可用於衡量總體的損益。九一一事件後，我在內閣辦公廳擔任安全和情報協調官，為英國制定反恐策略（CONTEST計劃）的時候，體認到這個方法的價值。[7]如左頁圖所示，我們利用風險等式挑出對民眾安全造成危害的因子，並為每項因子制定緩解策略。

藉由偵測並追查恐怖份子網絡，以及採取預防激進化的措施以阻礙恐怖組織召募新成員，我們可以降低恐怖份子發動攻擊的機率。藉由強化機場安檢等防護性安全措施，我們便能降低社會對特定種類攻擊的脆弱度。萬一恐怖份子突破我們的防線，恐怖攻擊仍有可能發生。藉由強化緊急救難機制，提升處理首波衝擊的能力，並建立維修迅速的基礎設施，我們便能減少攻擊發生所造成的社會成本。以上邏輯就是為何英國五任首相及九任內政大臣皆採用CONTEST計劃做為反恐戰略，使其運作至今。軍方的計劃人員稱之為「分層防禦」[8]（layered defence）。竊賊如果要偷竊高級自行車，可能必須翻越高牆進入花園、躲避警鈴、闖入停車棚，然後破壞車鎖。每多一層防禦，竊賊成功的機率（以及總體風險）就降低些許。

戰略性關注長期發展的做法，有時稱為地平線掃描

英國反恐戰略CONTEST背後的
戰略風險等式

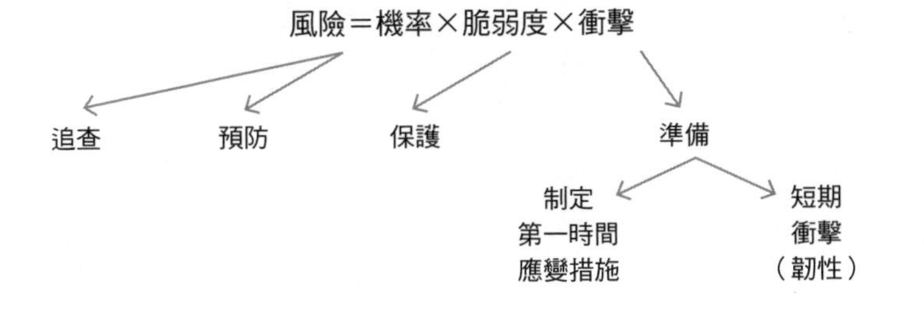

（horizon scanning），就像是眺望遠方，看看地平線是否出現敵艦的桅頂。許多全球銀行、顧問公司和殼牌石油（Shell）等企業皆擅長進行地平線掃描，以供策略和計劃部門參考。[9]但我們不應忘記，有些重要的發展猶如尚未下海的船艦——如果及早採取預防措施，它們便永遠不會對我們產生威脅。

英國各政府部會的首席科學官向來主導戰略性關注的培養，例如國防部於二〇一六年發布《全球戰略趨勢》報告，分析情勢從今至二〇四五年前的發展。[10]英國首席科學顧問（Chief Scientific Adviser）也於同年發布報告，探討區塊鏈科技將如何改變政府部會、銀行、保險公司和其他民間組織。[11]報告的重點非常清楚：當心了，新的顛覆式科技正在興起，任何仰賴紀錄業務的組織，皆有可能面臨工作流程上的徹底變遷。我們對自然界的戰略性關注，也應讓政府和公司感到警惕。英國政府長久以來注意到的一項重大風險，就是病毒所產生的疫情，以及恐怖主義和網路攻擊。

我們必須銘記，可能會對人類或環境產生威脅的新科技一旦出現時，多數科學家在具體證據出爐之前，會避免做下定論或提供建議。這層審慎思維是合理的，但也會產生一種特殊風險：知識性風險（epistemic risk）。這種風險源自缺乏知識或共識，因為專家對於傷害是否會成真不願下定論，或因為專家對於傷害的嚴重程度缺乏共識。

我們難以預測何時會出現理論性的科學突破導致新科技出現，進而衝擊我們的生活。全世界每年發表的二百五十萬篇科學論文中，[12]只有極少數的論文提出思維上的突破。即便理論上的突破開啟革命性科技的大門，新科技可能也得經歷數年研發才得以實現。量子運算就是一個很好的例子。我們對於其潛力有戰略性關注，知道量子電腦有能力對大數進行因數分解，這正是安全網路通訊和線上支付所仰賴的基礎。然而，本書寫作期間，這個理論尚未實現，人類尚未做出具有規模且可以運作的量子電腦：量子電腦可能仍須數十年的研發才得以實現。但是我們明白量子電腦如果實現的話，將會對我們造成何種影響，以及多大的影響。因此，明智的政府將投資（例如美國和英國）[13]研發新的加密方式以對抗量子電腦的實現，也會請自國情報機構監測他國是否有攻克量子電腦技術的跡象；如果有的話，一定要予以匯報。

日常生活中，有一些風險很容易想像（例如回到停車場，車卻不見了）而且防範的代價低廉。我們很快就學會如何管理這類風險（例如習慣性檢查是否鎖車）。有些個人風險更加危險，但也更為抽象，因此我們有可能無意識地把這種風險歸類為「只會發生在別人身上的風險」（例如返家的時候發現消防隊圍繞自己的房子，因為老舊的電線短路造成火災）。如同我們對某些事物聽而不聞，我們對這類風險也會視而不見。

「風險」（risk）一詞代表不好的事情「有可能」發生。經濟學家法蘭克・海克曼・奈特（Frank Hyneman Knight）數年前就說過：沒有風險就沒有利潤。[14]透過戰略性關注，我們也能預先發現未來可能會出現的長期機會。規劃中的高鐵路線可能會穿越村莊的中心（風險），或是在鄰近的鎮上設置站點（機會）。

網路時代裡，戰略性關注已成為熱門的產品行銷理論。愈來愈多企業發現，與其販賣常見的產品和服務，不如販賣詭異的利基產品或服務。這些起初看來不太可能受到歡迎的產品與服務，往往能在社群媒體上爆紅，進而快速產生巨量收益；創業家預期這種特殊計劃多數會以失敗收場，但成功的計劃所產生的巨大利潤，將彌補所有失敗計劃的虧損。數年前誰也不曾想過，原本大家只會穿去健身房的亮色跑鞋和慢跑長褲等運動服裝，現在竟然成為常見的戶外穿著。

為自己培養戰略性關注

孟加拉進行氣候地理工程，民眾爆發抗議——二〇三三年四月四日，達卡孟加拉率先全世界採取減緩氣候變遷的工程，利用改造的波音七九七飛機在高層大氣釋放一公噸的硫酸鹽氣膠（sulphate aerosol），以減緩太陽輻射的暖化效應。總計將進行六個架次的釋放任務，目前已完成第一次釋放任務。二十五國對這項史無前例的計劃提出外交抗議，孟加拉大使館外圍出現暴力抗爭。達卡的政府官員聲稱本次行動「對國家安全至關重要」，因為孟加拉此前遭受一連串的颶風襲擊，造成嚴重的損失。科學家警告此舉恐導致意料之外的後果，例如更嚴重的酸雨以及臭氧層破洞。

請注意新聞報導的日期。這份對二〇三三年的驚人預測，出自美國國家情報委員會二〇一七年發布的《全球趨勢》報告。[15]該報告針對二〇三〇年前後的全球趨勢進行戰略評估，並分析今明有可能出現的顛覆性發展。撰寫報告的情報官在文本中加入這類頭條，栩栩如生地描述他們的戰略評估。

時任美國國家情報委員會主席格雷戈里·特維頓教授在二〇一七年報告的序言中解釋道，他對全球趨勢進行分析，藉此了解趨勢對權力、治理與合作的影響。他認為不久的將來，在沒有不同的個人、政治及商業抉擇下，目前的趨勢和權力關係將會在國際緊張關係持續加劇的背景下持續發展。他以三則故事（或者說情境）來解釋未來二十年可能會發生的事情。國家情報委員會的報告探討這三種情境如何讓我們更了解創造未來，而非只是因應未來，能帶來的機會和利弊。

我們可以立足當下，以科技的總體趨勢、國家財富和人口等等議題為基礎，進行長遠的預測，藉此窺探遙遠的未來。但我們很快就會發現一個問題：未來有太多相互交織的選項，每一個選項人類皆有可能選擇，也有可能不選擇，使得我們難以預測整體的發展方向。全球化產生的相互依存關係更是讓問題更加棘手。美國國家情報委員會的報告在進行預測（forecasting）的同時，也進行「回測」（backcasting），以若干可能的長期情境為基礎進行回溯分析，藉此辨認可能會影響世界走向的因素。從事這類分析的時候，我們必須挑戰傳統觀念（所謂的「紅隊演練」[red teaming]）。為撰寫此報告，美國國家情報委員會參訪了英國在內的三十五個國家，並向學者、包含我在內的業界前賢、以及現任政府和軍方官員進行會談，請教我們的想法。

風險管理的實務運用

我們必須做對若干事情，才能讓戰略性關注轉化成有效的行動，橫跨國內與國際層級，深入民營企業與個人居家。我們必須向有能力使用情資的人有效傳達對風險的預測，這些人也必須採取因應措施，以降低、減緩或轉移風險。我們也必須有能力從此過程所得到的經驗中汲取教訓。

英國國家安全委員會的主席是首相。委員會以聯合情報委員會和英國國民緊急事務秘書處（Civil Contingencies Secretariat）進行的國家風險評估為基礎，[16]為政府頒布戰略威脅分級機制。[17]二〇一五年的《風險評估》報告將嚴重人類傳染病疫情列為英國面臨的最大國家安全風險之一（以發生機率和衝擊而論）。英國政府於二〇一六年進行計劃測試，發現應變能力具有重大缺失。二〇二〇年COVID-19傳入英國時，英國至少已有國家生物安全策略可以動用，但仍然缺乏必要的保護裝備。

企業董事會、慈善機構和政府部會也應發揮類似的作用，對重大風險進行辨認和監測，並制定風險管理計劃。根據經驗，我會把風險分成三個類別。第一類是企業影響力所及之外的風險，例如嚴重的疫情爆發，這些是所謂的「外生風險」（exogenous risks）。第二類是業務本質上的風險：銀行遭遇詐騙、零售商遭遇竊盜或經歷存貨損耗、貨車出現意外等等。第三類風險則是企業自己主動承擔的風險，例如投入大量資金，為公司運作所仰賴的資訊科技進行重大升級。

絕大多數企業無法消滅第一類風險，但可以定期進行衝擊評估並演練應變計劃。就連軍情六處都曾遭遇措手不及的事件：二〇〇〇年九月，臨時愛爾蘭共和軍（PIRA）向軍情六處位於沃克斯豪十字架（Vauxhall Cross）的總部發射小型火箭後，警方將總部大樓列為犯罪現場，禁止軍情六處員工在調查完成之前返還。由於軍情六處是全年無休的機構，這起事件對其造成重大麻煩。

第二類風險是業務本質上的風險。我們應著重控制機制，例如現金流方面的控制機制，以及透過保險及商業聯盟獲夥伴來共擔風險或轉移風險。

至於第三類風險，企業董事會必須思考更為一針見血的問題。由於組織的未來取決於是否能成功因應這些變遷，董事必須能親眼確認進展，並分配足夠的工作時間來確保負責因應變遷的主管能取得成功所需的專業、授權和經費。

我們面對的所有風險皆可用依循此三類來區分與討論，即使在家庭層面亦然。任職公司提供的醫療保險，是否足以應對意外車禍或其他事故，或是我們需要額外的保險？我們有假期保險嗎？如果是因為外在因素而取消——例如二〇二〇年的COVID-19，或是二〇一八年繁忙的英國蓋維克機場（Gatwick Airport）因為非法無人機侵入跑道而關閉機場——誰該支付先期費用？如果汽車或住宅的鑰匙遺失，誰有備用鑰匙？

結論：戰略性關注

戰略性關注未來的可能情境，便能避免被意外所驚訝。本章探討意外的發生和缺乏戰略性關注可能會造成的危險，以及事情「有可能發生」的定義。我們探討意外的本質、突發危機和慢性危機的差異、思考事件發生機率的方式，以及管理風險的策略。我們探討辨認長期風險的方法，以及為何我們必須把結果傳達給大眾，令大眾警戒而非驚慌。我們必須依下列原則預測意外的發生：

- 戰略性關注科技、國際事務、經濟、環境和潛在風險的發展趨勢。
- 思考事件和發展的期望值（機率乘以影響程度），而非只看機率。
- 列出各項重大風險，運用風險等式辨認並連結那些影響總體結果之價值的因子。
- 運用戰略性關注找出機會、辨認危險。
- 體認到即便能避免戰略性意外，仍有可能遭遇戰術性意外。
- 當心奇蹟式思考，避免在沒有合理因果關係的情況下認為一個事件之所以發生是因為另一個事件，然後藉此無視戰略性關注所得之結果。

● 將風險進行分類：無法避免的風險（但仍可以制定並演練應變計劃）；領域本質上的風險（可以採取合理的預防措施）；伴隨重大決策而來的風險（由於這些風險將左右你的未來，你必須優先重視這些風險）。

第2部

檢驗推理過程的三堂課

第05章

認知偏誤

——我們最有可能被自己心中的魔鬼所誤導

「你可以在梅西百貨的櫥窗內親我的屁股。」美國中央情報局伊拉克工作科科長阿瓦（Ava）如此兇狠咒罵，因為美國生物戰專家分析師仰賴代號為「曲球」（Curveball）的單一線人，就對薩達姆．海珊（Saddam Hussein）的生物戰計劃做出判斷。根據她的描述，當她質疑眾專家對於情資來源的信心時，「他們像一群豬看見手錶一樣看著我」。[1]阿瓦雖然不是武器專家，但她是經驗老道的情報官，隱約感覺得到情報來源可能有問題。

她的介入必定會遭遇反對，而且布希政府也在施加壓力，為入侵伊拉克做準備。布希政府為了師出有名，希望能揭露海珊總統持有的非法大規模殺傷性武器，暴露他曾經使用的生物武器——可以散播致命或致殘的疾病，是人類史上最恐怖的武器種類之一——以及現在仍然持有的武器。

曲球正符合生物武器專家的盼望。他是伊拉克的化學工程師，叛逃至德國難民營，宣稱自己曾參與海珊總統的生物武器計劃，而且願意揭露其細節。對於美國中情局和英國軍情六處內部經驗老道的情報官而言，曲球的一切都太完美到不現實的程度。德國聯邦情報局（BND，為其海外情報機構）將曲球納為線人，且於二〇〇〇年一月至二〇〇〇年九月間根據曲球的匯報撰寫近一百份報告，並分享給英美兩國的國防情報機構。曲球宣稱伊拉克已建造若干機動式生物武器製造設施，而且其中一間設施早已於一九九七年開始製造致命的生物武器藥劑。國務卿柯林・鮑威爾（Collin Powell）向聯合國安理會解釋美國開戰的理由時，還秀出根據曲球提供的情資所繪製的示意圖，講解伊拉克如何將貨車改造成機動式生物武器生產設施。

但問題在於，這些機動式生物武器設施純粹只是曲球的揑造，現實中並不存在。專家聽信了他的故事。

曲球的本名為拉菲德・阿默・阿爾萬・賈納比（Rafid Ahmed Alwan al-Janabi）。戰後他被新聞記者起底，並坦承自己提供的情資不實，且表示看到自己的情資被用來當作開戰的理由時，心裡感到無比震驚。他坦承自己揑造機動式生物武器貨車和機密工廠，是為了顛覆自己所逃離的海珊政權。他補充道：「或許我說對了，或許我說錯了……他們給我這個機會。我有機會透過揑造事實來顛覆海珊政權。我和我兒子皆以此為榮……」[2]

二〇〇三年入侵伊拉克行動展開之前，中情局和軍情六處的人類情報專家已開始懷疑曲球的可信度，尤其是中情局的伊拉克科長阿瓦和軍情六處的伊拉克工作負責人。雖然他們認為曲球提供的情資在技術層面上可信（畢竟他是化學工程師），但他們不認為曲球是個完全可靠的線人，因為曲球所提供的情資有不實之處，而且在情報機構眼中，他的若干行為很符合捏造者常有的特質。

英美情報分析官欲驗證自己的疑慮，但德國聯邦情報局不願讓他們直接接觸曲球。分析官並不清楚德方是否利用德國公民權及安置方面的協助做為誘因，也不知道訪談的詢問方式。他們想知道德方是否無意間引導曲球，讓曲球猜出美國分析官最想要知道的事情，並從中明瞭何種情資最能取悅對方（叛逃人士皆有的問題）。傳聞他有酗酒的問題。他提供的情資被發現有若干前後不一之處，令人更加懷疑他的可靠度。可怕的是，他提供的情資品質似乎隨著時間而提升。這有可能是因為他愈來愈信任詢問方的善意，但也有可能是因為他猜出提供何種情資最能獲得獎賞。

英美兩國的情報機構花費巨大心力檢驗曲球的可信度。他們對曲球的背景及大學紀錄進行調查，發現他的確曾於伊拉克接受化工方面的訓練，也的確曾低度參與海珊一九九〇年的生物武器計劃。因此他提供的關於現狀的情資，以技術層面而言完全可信，但這也代表他有誇大或捏造細節的能力。

倫敦的分析官仔細檢驗伊拉克的空照圖，找尋曲球口中的非法活動場址，以驗證他的情資是否屬實。有一處場址似乎位在河流的另一側，和他所說的相反——這可能是他不小心記錯，但也可能代表他在捏造事實。曲球曾宣稱某間設施是機動式生物武器計劃的一部分，二〇〇一年拍攝的場址影像卻否定他的說法。曲球說那邊有機動式拖車，但影像中有一面牆壁擋住視線；分析官卻沒有重視這項差異，認為影像中的牆壁有可能是伊拉克為了欺騙美國衛星偵察而建設的臨時牆壁。曲球說伊拉克於位在巴格達近郊的機動式設施內填裝生物武器彈頭，但該地的影像中找不到機動式生物武器系統；對此，分析官也認為這是因為伊拉克隱匿活動跡象，不讓美國衛星發現。

人性就是如此。我們喜歡找尋印證自身主見的證據，或以符合心中主見的方法詮釋證據。看到資訊符合自身的先驗想法，心中會有一種安心的感覺。心理學家稱之為「確認偏誤」（confirmation bias）。我們喜歡嚴格檢驗不符合自身先驗想法的資訊（又稱「否認偏誤」[disconfirmation bias]），同時卻很願意不經過批判就立即接受符合自身主見的資訊。這使確認偏誤變得更加嚴重。

西方情報機構過於注重曲球提供的生物武器情資。然而，這並非西方情報機構在評估伊拉克的能力時犯下的唯一錯誤，分析官也錯誤解讀關於海珊化學武器計劃的情報——這一次，分析官並不是被刻意欺騙，而是犯下一連串的個人和集體認知錯誤。第一次海灣戰爭後，聯合國調查員揭露海珊的大規模殺傷性武器能力，令分析官警覺自己當初被海珊給欺騙了。受到這次的教訓後，分析官便有先入為主的觀念，認為海珊在二〇〇二年也玩同樣的把戲。對於顯示伊拉克並無積極推動非法計劃的證據，他們覺得可以置之不理，認為既然伊拉克善於否認和欺騙，這些證據只不過是他們的把戲。西方各國的情報機構皆懷有這樣的觀念，認為一九九一年海灣戰爭後，海珊依然藏有未交出的非法原料。

戰前的「集體思維」是如此強大，當聯合國調查員終於在二〇〇三年回到伊拉克時，英美兩國的分析官才慢慢地向上級和同僚公開訴說自心底的想法：聯合國調查員沒有找到預期中的生化武器和原料庫存，乃是因為伊拉克根本沒有這些東西。

我們可以透過後見之明學到一項教訓：美國的布希政府和英國的布萊爾政府並沒有區別哪些情報評估來自可靠證據（例如海珊的非法導彈測試能力），哪些情報評估仰賴分析官的推測及假設，更別提這些分析官自信滿滿地認為自己已經知道答案了。柯林・鮑威爾在戰後對中情局分析官耳提面命，請他們在未來「告訴我你知道的事情，告訴我你不知道的事情，告訴我你心裡在想的事情」。對此，一位資深的分析官補充道：「而且要說清楚哪些屬於哪些。」[3]

我們還可得出另一項很明顯的結論：一旦有了懷疑，就會產生更多懷疑。海珊曾對伊朗和伊拉克國內人民使用生化武器。二〇〇二年，他想說服西方國家他沒有保留這些生化武器能力，卻不被相信；他向西方國家保證這些武器計劃已經中止，卻沒有配合聯合國的要求，完全公開自己過去的能力。可想而知，西方國家並不相信他的保證。中情局長喬治．泰內特在回憶錄中寫道：「戰前，我們不知道他在虛張聲勢，而他不知道我們是來真的。」[4]

檢查推論之必要

對於伊拉克的情報評估之所以發生錯誤，並非基於分析官為了取悅客戶而蓄意讓情報政治化，而是因為人心善於自我欺騙和奇蹟式思考，相信自己看見在深度情感層面上想要看見的事物，接著很自然而然地找到理由將這個想法合理化。

如本書首章所述，SEES四階段分析模型具有一項優勢：使我們在各個階段更容易辨識自己的認知偏誤，認清這些認知偏誤如何引導我們看見自己想要看見的事情。第一章提及，英國於二戰期間提供德軍自己想要看到的資訊，藉此欺騙德軍最高統帥部。第二章探討另一種認知偏誤：政策決策者不想要參與戰事，因此拒絕把波士尼亞衝突看作潛在的種族屠殺。第三章探究的則是鏡像投射方面的認知問題，西方國家的分析官沒有預測到莫斯科的共產政權對捷克斯洛伐克一九六八年的改革運動會採行何種反制措施。第四章則探討一個案例：以色列軍事情報局長自認為對於埃及攻擊以色列的準備狀態有戰略性關注，這項錯誤差點就造成以色列亡國。

擁有四十五年經驗的資深中情局官員理查・「迪克」・豪雅曾於一九七〇年代至一九八〇年代間系統性探討分析官的認知偏誤。他在巨作《情報分析心理學》（The Psychology of Intelligence Analysis）中警告，我們就算知道個人認知偏誤有多普遍，依然會犯下認知偏誤。[5]他主張我們必須制定系統化的檢查機制以管理認知偏誤造成的風險。一九七三年贖罪日戰爭後，以色列政府對情報機構沒有預先提出警報一事展開高階調查。調查結束後，以色列政府在軍事情報機構內設置「魔鬼代言人」的團隊，由最傑出的分析官組成，必要時可直接通報首相，專門負責採取逆向策略，挑戰主流的正統觀念。[6]該團隊的格言為「Ipcha Mistabra」，這是亞蘭語，意思是「情勢更有可能相反」或「反之…」。

幸好我們有大量的實驗性心理學研究可供參考，以及政府部會和民間企業的實務經驗可供借鏡，讓我們了解諸多認知陷阱和錯覺，如何在個人層面、團隊層面和機構層面陷我們於窘境：

- **個人層面**：認知和情感偏誤會對我們個人造成影響。這是人性的一部分。當下時刻，這些偏誤通常不明顯，但厲害的主管或同事如果知道找尋的要點，便有可能可以察覺。我們可能很不願意承認自己的推理在無意間受到影響。此乃人之常情。
- **團隊層面**：團隊可能會培養出獨特的互動關係，這層集體人格絕不只是團隊成員個人人格之總和。團隊成員會有意無意間互相影響對方，例如施加服從的壓力，或是傳達結案的盼望。心理學家和精神分析師已於諸多治療環境中證明這種特殊團隊行為的存在——[7]例如敵視「外團體」，意即非團隊成員。
- **機構層面**：組織內部的流程、規則、階級和權力結構，有可能無意間影響分析團隊的判斷和決策，亦有可能影響機構和利害關係人或大眾的互動。組織層級的互動關係源自成員對於組織文化、歷史和架構之內化方式。組織內部不同團體之間也會產生複雜的精神關係，例如情報分析官和政策決策者之間的關係，通才和專家之間的關係，文職和軍職之間的關係。機構和其他組織之間的接觸方式，亦有可能產生重要的互動關係。例如，執法機關和情報機關共同處理某風險的時候，必然會出現觀念上的歧異。人一旦習慣了組織的文化，便難以察覺這類影響。如果有人對組織互動關係提出批評，便有可能遭到如此反駁：「這裡做事情的方式就是這樣。」

在這三個層面之下，我們可以在進行重要推論時，辨識出最關鍵的認知偏誤。

認知偏誤及其對個人的影響

心理學家曾透過實驗，於各種不同的條件下，讓個人受試者在進行感知或心理活動時展現出特定的認知偏誤。[8] 有些認知偏誤已成為日常生活會聽到的詞彙，例如認知失調（cognitive dissonance），意即如果心中已有最喜歡的解釋方法，證據卻指出這種解釋方法可能不實，大腦便難以同時接納兩者。情報分析官如果出現這種心理衝突，便很有可能進而影響到國家安全政策的決策者和行動指揮官，令他們也出現認知失調的情況。[9] 我們每個人皆有可能在相互衝突的想法之間掙扎，並因此承受壓力。

經驗老道的情報官道格．尼克爾（Doug Nicoll，二戰期間曾參與布萊切利園六號小屋的情報工作，負責解密德國陸軍和空軍的恩尼格瑪密碼機。布萊切利園六號小屋改制為政府通訊總部後，他升任副部長）曾於一九八〇年為英國聯合情報委員會進行研究，發現即便是極為老練的分析官也會出現認知盲點（換言之，所有面對問題的人皆會如此），尤其是面對殘缺或模糊資訊的時候。尼克爾列出六項特定的偏誤，並主張這些偏誤導致西方政府面對外國侵略時經常措手不及。[10]

● **鏡像投射**：第一次約會時就必須小心這種陷阱。你可能會假定對方和你一樣，認為你這樣的安排就是一場精彩的晚間約會。尼克爾發現，英國人經常無意識地假定，受到英國重視的因素，也會受到一黨專政國家或一人獨裁國家的重視。例如，分析官從前經常先入為主地認為，專制國家在制定政策時，會和民主國家一樣充分考量國際輿論。根據尼克爾的觀察，二戰後出生於自由民主國家的公務員，「難以相信潛在侵略者竟然會覺得動用武力在政治上是可以接受的」。[11]當時，柴契爾夫人也毫不掩飾地說，外交官天生就是喜歡在解決國際問題時過度強調和平談判的作用。她在電視訪談中討論到外交部時曾說：「我退出政治後，要開一間公司，叫

『膽子租賃』。」[12]

● **判斷轉移**：人可能會隱含地假設其他人對狀況的思考和評估方式和自己一樣。展銷廳裡經常發生這種錯誤。你可能會假定銷售員對於產品優點的看法和自己一樣，因此銷售員會為你著想。如同鏡像投射，判斷轉移源於人無法以他人的思維進行思考，且有可能反映無意識的文化或種族刻板印象。例如，越戰期間的美國後勤軍官認為，在美軍的轟炸之下，北越不可能透過叢林間的胡志民小徑，將足夠物資運送至南方並發動大規模攻擊。稍早年代在印度支那，法軍幕僚不相信越盟軍隊能夠將大砲推上奠邊府週遭的山丘，攻擊當地孤立無援的法軍基地，因為法軍自己不會採取這種戰術。然而，武元甲將軍懷有不同的思維，並於一九五四年痛擊法軍，令法軍最終撤出印度支那。戰後，武元甲認為法軍戰敗的根本原因是指揮官亨利．納瓦爾（Henri Navarre）將軍不了解敵軍的思維，不了解這是一場人民的戰爭。[13]或許我們必須記取這個雙重教訓：「的確，我們必須避免種族中心思維，認為所有人皆和我們一樣。但我們也不應以一種優越感看待異族，認為我們才有戰略思維、現代科技和政治算計，而那些愚昧無知的敵人，既原始又聽信本能。」[14]

● **固著**：尼克爾發現，即便愈來愈多證據指向反面，分析官仍然喜歡堅持自己原本的解釋。在人際關係層面，這就猶如即使新證據顯示某人其實很卑鄙，但你依然堅持和他來往，因為你記得此人當初獲得你青睞的優點。面對潛伏的危機時，聯合情報委員會經常很早就建立先入為主的想法，而且很抗拒改變，就算最後一刻發現有跡象顯示敵人真正的意圖，也寧願將其淡化。尼克爾稱其為「固著」（perseveration），語源出自一種心理現象：如果首次學習資料（例如電話號碼）的方式錯誤，往後便難以正確學習。醫學領域中，固著指的是相關刺激因子終止後，仍然非自主性地重複說出同樣的話或做出通常的行為。政策決策者也會經歷這種謬誤：即使證據顯示某政策成效不彰，他們仍會重複訴說當初致使推動此政策的正面訊息。

固著可說是心理學所謂「支持選擇偏誤」（choice-supportive bias）的一種特殊案例。支持選擇偏誤指的是人做出選擇後，喜歡記住自己所選擇的假說的優點，而忘記其缺點。對於長年的朋友，我們總是記得和他們相處的最美好時光。分析官如果不了解這項偏誤，恐怕會使未來的評估出現偏差，因為他們會最先想到那些優點。可想而知，這種效應已受到心理學實驗的證實。我們之所以誠心誠意地做出抉擇，乃是因為我們當下相信這是正確的抉擇，因此當初致使我們做出該抉擇的理由，便更有可能被我們所記住並於往後浮現，因為這些理由能協助我們撲滅任何懷疑的感覺。總歸而言，大多數人會避免抉擇後所產生的悔恨感。這是人之常情。

- **刻意發動戰爭**：尼克爾透過案例研究證明，武力侵略通常是經過預謀的刻意行為，鮮少是對於某種意外危機的回應，或是陰錯陽差之下的結果。聯合情報委員會沒有預測到海珊會於一九九一年入侵科威特，這就是一個案例。兩伊戰爭期間，科威特為伊拉克提供財務支援，使伊拉克對科威特欠下大量債務。海珊想要廢除這些債務。對於西方國家的分析官而言，為了廢除債務而刻意發動戰爭是難以置信的一種行為（鏡像投射），尤其因為阿拉伯國家聯盟（Arab League）已在進行斡旋，且外交界普遍認為調解在即。同理，我們天生不願意相信某個朋友竟然會為了自己的利益而背叛自己的信任。
- **資訊有限**：長年從事情報工作的尼克爾，曾多次經歷機密情報不足的情形。這導致分析官對情況掌握有限，因而難以判斷未來的發展。尼克爾列舉當初令聯合情報委員會措手不及的事件。有些國家或地區被認為沒有侵略風險，因此並非情搜工作的重點，但尼克爾列舉的意外事件經常涉及這類地區。我們可能也會經歷這種惡性循環：對於某領域，我們由於沒有戰略性關注其潛在風險，因此不注重這塊領域，導致在必要時難以監測到令我們提高警戒的資訊，進而提高發生負面意外的風險。
- **刻意欺騙**：尼克爾的案例研究中，有若干案例涉及刻意欺騙。他說潛在侵略國有可能存心欺騙，但受害國也有可能誇大自己的軍力以嚇阻侵略的行為，因此分析官不可不提防。欺騙的手段有可能很簡單，例如把部隊調派說成是演習，但也有可能是極為複雜的多層面欺騙計劃。國家進行軍事行動時，必定會盡其所能創造戰術性意外，透過欺敵手段隱藏行動的時間和地點。例如，盟軍於一九四四年D日登陸諾曼第之前，其開闢歐洲第二戰場的意圖已經很明顯，完全沒有任何戰略性的意外，但盟軍依然隱藏登陸的時間和地點以創造戰術性意外。[15]此前，蘇聯在史達林格勒戰役已成功使用欺騙戰術，而且看到諾曼第登陸的成功，蘇聯必定更加相信欺騙的力量。欺騙（maskirvoka）更是列入蘇聯軍事參謀學院（伏龍芝軍事學院）的標準課程，以及格魯烏和克格勃的情報人員訓練教材。偵測欺騙是分析的重要環節（今日，我們必須看出哪些新聞是假新聞，哪些資訊是欺騙宣傳），本書第七章將專門探討這項議題。

聯合情報委員會於一九八二年三月四日的會議上討論尼克爾的報告，不出數週，首相也接獲這份報告。聯合情報委員會信誓旦旦地向首相保證，他們已記取報告中的教訓。然而，歷史再次殘酷地捉弄人：數日後，阿根廷軍政府入侵福克蘭群島，讓英國措手不及。英國再次落入尼克爾所描述的陷阱。

道格．尼克爾利用過去的教訓為報告做下結論：描述情報判斷時，用字遣詞必須謹慎斟酌（伊拉克軍事行動後，巴特勒勳爵於二〇〇四年所進行的大規模殺傷性武器調查報告依然欠缺這點）。[16]尼克爾強調，政策決策者必須了解「沒有證據」等用語所代表的意義。例如，今日的情報評估報告可能會說（畢竟情況經常如此）：「目前沒有證據顯示英國本土的恐怖份子有能力取得科擊落民航機的地對空導彈。」這種說法不代表情報界想要傳達令人安心的訊息，使決策者忽略往後數年的風險（導致政府沒有採取任何措施以防止此類武器走私進入英國）。這種說法的意思純粹是，目前沒有證據證明有這種情事發生。總歸而言，我們必須切記：你得到的答案，取決於你問的問題。

團體行為與從眾效應

團隊的互動關係也會導致偏誤。大家都聽過「團體思維」（group think）一詞。團體思維指的是團隊內部追求和諧與服從，導致團隊做出的判斷很容易未經充分檢驗就受到大家同意。某團隊成員如果自認為在團隊的份量或地位不足，可能會感受到集體壓力，進而壓抑自己心中的疑慮。這種感覺會壓制異議，此類案例層出不窮。人之所以抗拒爭議，通常是由於認知失調的緣故，使其遇到違反團體或個人在情感上很投入的想法時，立即找到藉口以合理化不接受新資訊的行為。[17]當初達成原始結論的難度愈高，團隊或個別分析官就會對結果愈投入，導致其無意識之間抗拒反面思考所帶來的不安。

如果知道其他人也相信某意見，多數人會更容易相信這項意見。這就是所謂的「從眾效應」（Bandwagon effect）。從眾效應令人服從共識。獨排眾議者（也就是天性喜歡逆流而渡，讓所有相關爭議浮出水面的人）能為團體討論帶來益處，團隊領導人在必要時可以創造這種效果，設置所謂的「魔鬼代言人」（the devil's advocate），授權此人無視職等採取反對立場。團隊亦可採取所謂的紅隊演練，以對手的觀點探討問題，也可以請另一組團隊（團隊B）獨立檢驗第一組團隊（團隊A）所檢閱過的素材，並根據同樣的證據推導出自己的結論。然而，我們必須小心政治化的風險。如果分析報告的使用者不喜歡某個結論，他們可能會設置另一組分析團隊，並請其獨立檢驗證據。例如，使用者如果認為原本的分析過於保守，他們挑選新團隊成員時，可能就會優先注重其膽識。

分析團隊的領導人能對團隊的工作發揮巨大影響力。領導人可以設定合理的預期，並起初就制定好辯論及爭論的標準，規定每一位成員皆須遵守，[18]使團隊了解自身的思維過程。解決認知失誤的最佳方法，就是公開討論團隊內可能出現的謬誤。團隊工作如果進行得不順利，差勁的領導人可能會執著於負面的情緒。

領導人必須要求分析團隊探索所有可能成立的解釋。人的心理（模糊效應[ambiguity effect]）喜歡跳過那些因為缺乏或少有直接報告而難以判斷的假說，而無意間專注討論證據支持的假說。如果要避免倉促定論，領導人可以要求團隊運用本書第二章所述之結構式分析技術系統性地檢驗證據。然而，團隊的辯論持續到某一個時間點，可能會開始想把事情做一個了結，以獲得心理上的解脫。這時候，團隊不妨休息片刻，讓人際衝突得以緩解，讓心思可以重新聚焦，甚至可以請團隊回家睡覺，翌日早晨再想想是否有任何疑慮。

二〇〇五年，美國參議院對伊拉克的情報誤判展開調查。羅伯－希爾博曼（Robb-Silberman）調查報告的結論如下：

我們並不責怪情報界根據薩達姆．海珊過去的行為，提出「伊拉克保留非傳統武器能力，並正在擴增此能力」的假說。我們也不責怪情報界未發掘出僅有少數伊拉克人知道的事情；根據伊拉克調查小組（Iraq Survey Group）之報告，唯有海珊身邊最親信的顧問知道他決定終止核武計劃並下令摧毀自己的生化武器庫存。即使情報單位透過非比尋常的手段與海珊的親信取得聯繫，懷疑仍然不會消散。

即使如此，我們的結論如下：情報界當初可以也應該更準確地判斷伊拉克武器計劃的真實情況。情報界錯誤的程度應該更低——更重要的是，情報界當初應坦承自己所不知的事情。尤其，情報界當初應意識到，自己認定斬釘截鐵證明伊拉克擁有大規模殺傷性武器能力和計劃的證據，有嚴重且可知的缺點……

總歸而言，我們必須降低錯誤的程度。換言之，我們必須花時間檢查自己的思維。然而，議題愈重要，對於結論的需求可能也就愈迫切。團隊領導人必須有意識地採取刻意措施，並發揮勇氣，要求團隊重新檢討分析工作，檢驗自己的推理過程以及證據的權重。

機構內部的互動關係

每個機構皆有自己的獨特文化。受認定為正確的企業行為，就會代代相傳。面對逆境時，這或許可以帶來優勢，但在解釋周遭世界時，這有可能導致偏誤。機構也會展現個人特質，並不時經歷精神崩潰或對其他組織疑神疑鬼。例如，世界各地的國家情報機構和執法單位向來喜歡相互鬥爭，並拒絕互相分享案件情資。本章開篇提到的曲球一案裡，當有人開始懷疑曲球的可信度時，一位中情局特務於二〇〇三年二月向美國國防部傳達訊息，對曲球缺乏審查一事表示擔心。翌日，美國國防部官員接獲訊息後，以電子郵件轉寄給一名部屬，請部屬對中情局的質詢發表意見。他說，中情局竟然質疑曲球的可信度，使他感到「震驚」。國防部的回覆（竟然意外寄給中情局）表示「中情局故技重施」，而且中情局對於德國聯邦情報局提供曲球情資的流程「一無所知」。這就是部會之間長期對立所產生的後果，導致大家把奇怪的資訊合理化。

國內和國外的機構之間、本國人和外國人之間、本國技術和外國技術之間、軍事機構和民事機構之間、具有執法權的安全機構和機密情蒐機構之間，必定會出現文化差異。各項差異——加上工作的機密性和危險性，可能會導致緊張關係，畢竟不同的機構會聘僱人格特質迥異的人員。

這些部落必須組成分析團隊，對所有的情資來源進行評估，分析團隊的領導人必須掌握各個不同機構對成員所產生的間接影響。

日常生活中的認知偏誤

尼克爾對於情報失誤的案例研究中，提及個人、團隊、機構可能會出現的偏誤。這些偏誤也會體現於職場上以及日常生活上。如同情報分析，政治辯論也經常出現這些偏誤。推特等社群媒體的出現，讓有心人得以刻意利用確認偏誤來宣傳政治理念和產品。這就是本書第十章的重點。

二戰期間創立科學情報學的雷金納德・維克多・瓊斯（Reginald Victor Jones）教授強調，掌握必要情資以前，切勿相信心中想要相信的事情（他稱此為「克羅法則」[Crow's law]）。[19]人若下意識地想獲得確認所帶來的安心感，其實心中早就期待情資會確認自己的觀點了（這就是常見的「觀察者期望效應」[observer-expectancy effect]）。

「不注意盲視」（inattentional blindness）則是另一項案例。人有可能對事情視而不見。此外，我們可能會遇到另一個類似的問題（「聚焦效應」[focusing effect]）：我們可能會過於專注某項事務，因而忽略周遭的狀況。YouTube上有一支影片請觀看者計算籃球比賽中球員的快速傳球次數，已經吸引二千萬人次觀看。如果你還沒看過，我建議你去看看。[20]由於計算傳球很花費心力，多數人第一次觀看影片時，都沒注意到有一名穿著猩猩裝的男子緩步走過球場。如果鳥瞰球場，就可以發現如果聚焦球員傳球的話，會遺漏哪些資訊，使人忽略球賽以外的狀況。

同理，過度聚焦於已知的資訊，可能會使我們無法接受新資訊。此現象稱為「注意偏誤」（attentional bias）。實驗證明，人因為看見具有威脅性的資訊而產生焦慮時，或因為憂鬱症而無意識地執著於負面情事的話，便特別有可能產生注意偏誤。你最恐懼的事物會掌控你的注意力。

心理學實驗也證明，愈獨特的事物愈會留下深刻的記憶。飛機失事等慘劇可能會在我們腦海中留下深刻的印象，但我們可能不會去注意到數千萬哩的平安航程。可想而知，有些人對搭乘飛機懷有恐懼感。今日，這個現象被稱為「雷斯多夫效應」（Von Restorff effect），得名於二戰前的德國兒童心理學家。這位心理學家首次以系統性的方式證明此效應的存在。雷斯多夫效應很好證明：只要給人一張名單或物品清單，請他記住上面的條目。一看就很特別的條目最有可能被人記住。[21]因此，愈突出的情資，就愈有可能產生重大的影響，其影響力甚至有可能超越其實質意義。例如，伊拉克戰爭爆發前夕，新的情報顯示伊拉克軍方可能持有化學武器彈藥，而且能在二十至四十五分鐘內做好發射準備。這份報告本身沒什麼特別之處，充其量只是反映伊拉克先前的戰場實力，但英國政府在公開檔案中提及此報告後，《太陽報》（Sun）刊登的頭條為「英國人四十五分鐘內完蛋」，《星報》（Star）刊登的頭條則是「化學戰只有四十五分鐘之遙」。[22]這些令人印象深刻的報告，最有可能成為情報機構主管和部會首長的討論重點，以及部會首長和媒體的關注焦點。

管控認知偏誤帶來的風險

本章探討認知偏誤如何阻礙日常生活中的思考。我們都知道認知偏誤的存在，也知道自己為何會受到認知偏誤的影響，但要管控認知偏誤所帶來的風險卻沒有那麼容易，畢竟本章探討的偏誤多數潛藏於心裡的無意識層，因此通常難以發覺。即使透過閱讀教科書對這些偏誤建立學術性的理解，我們還是有可能受到偏誤的影響。中情局於一九七七年舉辦情報分析偏誤研討會，會後報告的結論如下：「個人偏誤最為麻煩。它們通常因人而異，而且難以偵測。」[23]

若要化解團體思維等認知偏誤，最佳的解方就是讓團隊公開討論這些偏誤的存在。團隊領導人可以鼓勵團隊成員提出質疑，詢問大家：我們是否落入團體思維的圈套？（此問題通常會引來一陣大笑，並化解為了達成結論而產生的緊張關係。）我們也可以制定一套自我體認常見認知偏誤的過程。首先，充分掌握這些現象（及其歷史案例）。接著，在與他人合作的過程中，發現其他人也有可能發生認知偏誤，並觀察他們如何察覺認知偏誤的發生。如果能與專業引導師合作，效果尤其明顯。

然而，他人指出我們落入錯誤的圈套時，我們可能會抗拒。根據我的經驗，若要管控SEES模型中的風險，我們可以設置所謂的「安全區域」，讓大家以專業的態度討論偏誤所帶來的威脅，而不會讓團隊成員覺得自己必須承認自身的缺點，因而產生戒備之心。認知偏誤是人之常情。

結論：掌控心中的偏誤和偏見

我們的推理最有可能受到心中的魔鬼所誤導。本章探討認知偏誤和偏見對我們的不利及其對我們思路的影響。我們必須堅持以下原則才能保有正確的思維：

- 體認到自己不可能做出完全客觀的分析，畢竟我們是人類，必須為自己詮釋現實。但我們在做分析判斷時，可儘量保持獨立、誠實、中立。
- 你所見所聞之事，所不見所不聞之事，反映出你的心態和專注程度。
- 坦承自己的內隱偏誤和偏見，找出推理過程中所做的假設。
- 體認到個人、團隊、機構層次皆有可能發生認知偏誤，而且可能對個人產生「團體思維」的壓力。
- 掌握必要情資以前，切勿相信心中想要相信的事情。切記，你得到的答案，取決於你問的問題。
- 了解精神壓力所造成的替代行為有何種跡象，以及認知失調如何使人抗拒新資訊。
- 推測他人動機時，慎防判斷轉移和鏡像投射。
- 保持開放的心胸，面對新證據時，根據貝氏原則調整心態。

第06章 陰謀論——人人皆有可能出現偏執妄想

詹姆士・黑素斯・安格頓（James Jesus Angleton）喜歡以艾略特（T. S. Eliot）的詩句「明鏡滿佈的荒原」（wilderness of mirrors）形容虛實莫辨的情報世界。安格頓擔任中情局反情報處長二十年，經歷各種風風雨雨。他就讀耶魯大學時，曾編輯詩評《Furioso》，介紹艾略特的詩作。這也難怪他會從艾略特的詩作《小老人》（Gerontion）中找到共鳴，把情報世界看作是「明鏡滿佈的荒原」。該篇詩作亦提及「奸詐的走道和造作的迴廊」（cunning passages and contrived corridors），並說道：「蜘蛛是否會暫停行動，象鼻蟲是否會拖延？」安格頓癡迷地把蜘蛛想像為蘇聯情報頭子，正努力編織欺騙之網，並派遣共產主義象鼻蟲滲透中情局的網絡。

在安格頓的想象中，蘇聯蜘蛛是如此神通廣大。他也因此認為緩和政策（Détente）及中蘇交惡等重大國際發展皆是蘇聯的陰謀算計。更可怕的是，他認為蘇聯是甘迺迪總統遇刺案的主使者，還謀殺英國工黨黨魁休・蓋茨克（Hugh Gaitskell），藉此讓哈洛德・威爾遜（Harold Wilson）接任黨魁，因為他堅信威爾遜是克格勃的特務。安格頓判斷，這種深層陰謀必定有中情局和軍情五處高階官員的參與；他甚至懷疑軍情五處處長有叛國之嫌，將其列為潛在蘇聯特務並進行監視。安格頓主張，蘇聯派遣的雙重間諜如象鼻蟲一般侵入西方國家，使情報的果實腐爛，並令像他這樣的反情報官難以判斷是非。為追緝這些象鼻蟲，安格頓下令長時間非法拘留一名貨真價實的蘇聯叛逃特務，並對其進行強迫式審訊。他還因此殘害（甚至摧毀）數名英美情報人才的前途。[1]

說來悲慘，安格頓造成的傷害並沒有隨著他過世而終結。許多中情局高階官員對安格頓的獵巫行為厭惡至極（中情局內部反對他的人稱他口中的蘇聯陰謀為「怪獸之計」[The Monster Plot]），因此開始輕視反情報工作。他們的反應合乎人之常情，卻造成嚴重的後果。數年後，中情局內部果真出現擔任要職的蘇聯間諜。奧德里奇・艾姆斯（Aldrich Ames）向克格勃販賣關鍵機密，換取現金以維持他奢華的生活。中情局本不應那麼久才捉到他。

安格頓的案例是很好的教訓，體現即便是天賦異稟的人，也有可能失去情感平衡，落入偏執思維的陷阱。這種偏執且疑神疑鬼的心態，就如同受困於莫比烏斯帶（Möbius strip）的螞蟻。莫比烏斯帶指的是把一條紙帶的其中一端扭轉半圈後與另一端對接，形成一個迴圈；這是一個只有單一平面的立體物件，可握於掌中。螞蟻無論爬得多遠，無論翻越邊緣多少次，就是無法進入另一面。螞蟻將永無止盡地爬過同樣的路，因為只要螞蟻身處表面之上，就不可能以旁觀角度看清自己深陷一個扭曲的迴圈。莫比烏斯帶上的螞蟻必須知道，唯有外部證據才能令自己看清周遭是個陰謀論的單面迴圈。

莫比烏斯帶的陰謀論思維酷似邪教或意識形態狂熱。今日，社群媒體誇大其詞的特性助長偏執的陰謀論，使社會深受其害。我們必須學會如何辨認陰謀論，包括那些惡意捏造與散播的謠言，並學習如何運用證據來消滅其吸引力。

安格頓的職業生涯起初一片光明。二戰期間，他在任職於美國戰略情報局（Office of Strategic Service），先後派駐倫敦與羅馬，並迅速掌握反情報工作的要領。他曾就讀英格蘭的墨爾文學校（Malvern College），並於在學三年期間培養古典英文素養和談吐之道。他在倫敦認識接受公立學校教育的軍情六處情報官後，很快就融入他們的圈子——不幸的是，年輕的金．費爾比（Kim Philby）也在其中。安格頓開始接收英國最深層的作戰機密，其中包括「雙十字體系」（Double Cross system）。英國透過雙十字體系策反遭捕獲的德國特務，並將他們派遣回德國，藉此向德軍最高指揮部傳遞假情資。[2]安格頓也知曉布萊切利園對於德軍通訊的解密工作。透過解密的情報，英國可以掌握自己發出的資訊是否被德軍所接受。

安格頓必定捫心自問，如果英國能夠系統性地操弄德軍的感知，那麼蘇聯是否已經在運用戰略性騙術來欺騙西方國家，以隱瞞自己的敵意？他說服自己，答案是肯定的，而且莫斯科在俄羅斯革命爆發後不久便開始從事這樣的騙術。蘇聯必定也在運用雙面間諜戰術，派遣蘇聯情報官假扮成叛逃者，向西方反情報機構散佈假情資，令反情報官員費心緝拿不存在的特務，同時讓真正的叛徒持續將美國的機密洩露給莫斯科。安格頓知道美軍推動曼哈頓計劃（Manhattan Project），設計並打造世界第一顆原子彈期間，蘇聯曾針對該計劃進行諜報工作。他會有這些想法不足為奇。

戰後，安格頓擔任中情局海外事務主管的參謀官，並重新與金·費爾比交好。費爾比現在擔任軍情六處駐華府代表，而且備受敬重，被譽為未來的秘密情報局長。安格頓週週與費爾比飲酒聊天，並向費爾比分享諸多中情局的秘密工作。費爾比是他在二戰期間的導師，也是他的密友和酒友，但在一九五一年，安格頓卻發現聯邦調查局（FBI）將費爾比列為蘇聯雙重間諜。[3]可想而知，他震驚萬分。

雖說反情報官本來就應該抱持批判性的懷疑態度，但這起事件似乎把安格頓推入妄想的地步。對工作的熱誠與執著，已走火入魔成為變態的偏執。一旦認定蘇聯蜘蛛正透過某種陰謀進行深層欺騙，安格頓便順著此邏輯推想，西方情報機構對於蘇聯行為的掌握，絕大多數皆是蘇聯騙術的產物，就如同英國的雙十字計劃一般。在安格頓的想像中，為蘇聯編織欺騙之網的那隻蜘蛛，必定帶著費爾比的臉龐。4

安格頓的故事生動地說明陰謀論世界觀是如何形成的。把安格頓推向偏執的主要因素，大概就是費爾比。費爾比的背叛令他感受強烈，獵諜工作的機密性極高，使這層感受更為猛烈。於是，安格頓開始認為蘇聯正在進行某種深層的陰謀，這宗想法能減緩被費爾比背叛所帶來的情感傷害，亦能減輕受騙上當所帶來的罪惡感。安格頓日後一意孤行地追緝間諜，可能也是出於某種補償心態。

然而，本故事的寓意不僅於此，更是突顯一旦落入陰謀論的迴圈，判斷就會變得愈來愈扭曲。一九五四年，安格頓出任中央情報局反情報處長，任職長達二十年。一九六一年，有一名克格勃的情報官稀罕叛逃，安格頓把這起事件視為重大機會。克格勃的安納托利・葛里辛（Anatoliy Golitsyn）少校並沒有提供大量有利於反情報工作的資訊。他喜歡吹噓自己的份量（他要求甘迺迪總統接見），誇大克格勃的欺騙能力，還隱約暗示中情局內部有蘇聯特務。安格頓卻認為，葛里辛吐露了克格勃這隻蜘蛛的深層陰謀。於是雙方互相對峙，各取所需。安格頓亟欲聆聽葛里辛的奇幻故事，葛里辛則利用安格頓的關注，膨脹自己身為叛逃者的重要性。

安格頓在違反所有基本安全規範的情況下，從中情局的美國情報官檔案中，挑出符合重要間諜描述的人事檔案供葛里辛查閱。安格頓在葛里辛的協助下找出若干嫌疑人，並在未告知理由的情況下將他們解職。葛里辛說，莫斯科視他為重大叛徒，因此不僅會派遣刺客行刺，更會派遣雙重間諜假扮成叛逃者，藉此說服美國不要相信葛里辛的話。安格頓對此深信不疑。日後，安格頓便把所有蘇聯叛逃者當成克格勃派遣的象鼻蟲，必須不計一切代價揭穿、質疑、擊破。

不巧的是，兩年後另一名克格勃的情報官叛逃。尤里・諾申科（Yuri Nosenko）中校與葛里辛迥然不同，他在莫斯科的人脈甚廣，而且是克格勃國內安全處長將軍的酒友，持有貨真價實的反情報資訊。他曾服務於專門監控美國駐莫斯科官員的部門，並揭露克格勃已滲透美國駐莫斯科大使館。他最初提供的情資也揭穿美國陸軍內部一個重要的間諜網，並暴露英國海軍部一名遭勒索而為克格勃工作的職員（瓦塞爾事件，Vassall affair）。

更湊巧的是，諾申科向審訊他的人表示自己曾看過李・哈維・奧斯華（Lee Harvey Oswald）

在克格勃的檔案。奧斯華兩個月前刺殺甘迺迪總統後遭聯邦調查局逮捕，三日後卻遭德州脫衣舞俱樂部老闆傑克．魯比（Jack Ruby）謀殺。許多美國人懷疑甘迺迪總統刺殺案背後有蘇聯的參與，但莫斯科堅決否認。諾申科的說法符合蘇聯的聲明。他說奧斯華這名前美國海軍陸戰隊員的確曾於若干年前向蘇聯輸誠，但克格勃認定他的心理狀態不穩，拒絕進行後續接洽。

安格頓說服諾申科的專案負責官，使其相信諾申科就是葛里辛口中的雙重間諜，奉命前來混淆視聽。如果諾申科的說法代表蘇聯沒有參與甘迺迪刺殺案，那就恰恰證明蘇聯的確涉入。因此安格頓指示中情局將諾申科監禁於中情局位在美國的拘留所，對其進行恫嚇式審訊，逼迫他坦承自己是雙重間諜。其中他有兩年的時間被關在一間特別設計的水泥牢房裡，一切感覺遭到剝奪，只獲得最低限度的飲食，而且不得閱讀任何讀物。但即使被折磨到幾近崩潰，諾申科依然堅持自己的故事——因為他說的根本不是故事，而是事實。

雖然安格頓堅信蘇聯正在進行某種深層陰謀，其他中情局官員卻愈發認為他對諾申科的指控站不住腳。[5]新一輪的調查所發掘的新證據證明諾申科是個貨真價實的叛逃者。安格頓指控他說法有破綻，但這些破綻乃是出於記憶失誤與翻譯錯誤，或是因為撰寫報告的人帶有偏見。諾申科恢復了名譽並接受補償，當聯邦調查局終於獲准與他接洽時，他依然願意提供新的反情報資訊，藉此揭穿美國與歐洲內部真正的蘇聯間諜。諾申科最終帶著完整的榮譽退休，但其中也有幾分尷尬。

安格頓對於蘇聯陰謀的執著也影響到社會。眾議院非美活動調查委員會（Un-American Activities Committee）害怕共產黨的煽動言論會威脅美國憲法所維護的政府型態，於是委員會開始針對好萊塢和美國電影產業進行調查。他們認為，電影產業充斥著自由派的演員和編劇、逃離納粹德國的難民（許多人遭懷疑抱持左傾思想），以及道德敗壞的行為，包括（以委員會的觀點而言）「不自然」的舉止，也就是同性戀。

對於「非美」行為的道德恐慌，演變成一陣迫害式的調查。委員會舉行為期九日的聽證會，針對疑似共產主義的活動進行調查，導致許多美國電影業裡的演員、導演、製片、編劇被列入黑名單，因為其中有些人承認自己支持共產主義，有些人只不過是行使憲法所保障的緘默權。電影公司在公眾壓力的威嚇下，拒絕雇用有嫌疑的人士。最後總計有三百人遭到懷疑。歐森・威爾斯（Orson Welles）與查理・卓別林（Charlie Chaplin）等若干著名人士更是離開美國，前往他地發展。

與此同時，喬・麥卡錫（Joe McCarthy）與其參議院常設調查委員會（Senate Permanent

Subcommitee On Investigations）也展開獵巫行動。麥卡錫與他的律師羅伊・柯恩（Roy Cohn，一九七〇年代曾任唐納・川普的律師）指控共產主義大規模滲透美國。「麥卡錫主義」（MaCarthyism）如今自然而然成為英語詞彙，帶有貶義，專指針對有權有勢之人展開調查並指控其不忠或企圖顛覆政權。[6]

這波恐慌甚至跨越大西洋，傳入英國。受到安格頓的魅力所影響，倫敦一小群軍情五處情報官在彼得・萊特（Peter Wright）的帶領下，開始一廂情願地相信蘇聯正在進行長期滲透計劃。[7]安格頓派遣叛逃者葛里辛至倫敦向他們進行匯報，協助他們緝拿藏身於英國情報機構內部的蘇聯象鼻蟲。

葛里辛甚至宣稱他知道克格勃於一九六三年暗殺工黨黨魁休・蓋茨克，好讓哈洛德・威爾遜接任黨魁一職。由於蓋茨克堅定支持北大西洋公約組織和英美關係，葛里辛認為威爾遜必定已遭克格勃吸收。他提出的唯一證據是威爾遜在二戰期間曾於蘇聯政府有官方接觸，而且戰後持續和他在莫斯科認識的戰時高階領導人聯繫。

可想而知，威爾遜於一九六四年當選為首相後，便得知自己的國安機構軍情五處內部有人認為他是叛徒且意圖對他不利。隨著倫敦的氣氛愈發狂熱，彼得・萊特與一小群反情報官員不只認為首相是蘇聯特務，更認為軍情五處的處長也參與陰謀並企圖掩蓋事實。

這就是經典的陰謀論迴圈思維。支持北約的蓋茨克，必定是遭到蘇聯國家安全委員會暗殺，好讓威爾遜上台；由於威爾遜戰爭期間曾與俄羅斯接觸，因此他必定是蘇聯國家安全委員會的特務；而威爾遜之前沒有遭到揭穿，必定是因為情報機構最高層企圖掩蓋。他們根據自己的想像追緝叛徒，把軍情五處副處長與處長羅傑．霍里斯爵士（Sir Roger Hollis）列為嚴密監控對象。

霍里斯逝世後（自然死亡），記者查普曼．潘契（Chapman Pincher）在彼得．萊特的煽動下持續撰寫文章指控英國出現建制派／「深層政府」（deep-state）的巨大陰謀，企圖掩蓋叛國的情事。[8]柴契爾夫人擔任首相時，被迫於一九八一年向下議院發表聲明，承認軍情五處處長羅傑．霍里斯的確曾接受調查，但調查結果明確顯示指控不實。今日，我們知道英國政府的高層調查證明他並非蘇聯特務。後來的克格勃叛逃者也提出證據證實他的情報。冷戰結束後，我們發現蘇聯的確曾為哈洛德．威爾遜開設人事檔案，將其列為潛在的吸收對象，因為他在戰爭期間曾於蘇聯官員有合法接觸。蘇聯還給威爾遜取了代號：Olding。但葛里辛對於威爾遜的指控從頭到尾都沒有根據，蓋茨克的死因也並非謀殺。[9]

蓋茨克案件的陰謀論迴圈還有另一個反轉。蓋茨克逝世三年前，曾於一九六〇年的工黨大會上發言反對關於單邊核武裁撤計劃的動議。[10] 這份動議受到若干主要工會的共產黨領導人支持。蓋茨克明白，工黨對於英國核武威嚇能力的態度，將會決定選民對工黨的支持，因為選民會根據此議題判斷工黨是否有能力組成負責任的政府。蓋茨克遭到工黨內部和平主義派系的強烈反對。此派系由左傾的《論壇報》（Tribune）團體領導，而該團體的共同創辦人湯姆・德萊堡議員（Tom Driberg）則是前工黨主席。當時在斯卡布羅會議廳和煙霧瀰漫的酒吧中激辯英國核武政策的人士萬萬沒想到，他們其中混入了一名蘇聯的影響力特務（agent of influence）。德萊堡是同性戀，自一九五〇年起便遭到捷克情報機構要脅，被迫為蘇聯操弄西方國家的左傾政治圈。

可以看出，複雜的陰謀論通常帶有幾分事實，但德萊堡是蘇聯滲透英國左派極少數的成功案例。雖然蘇聯和華沙公約組織同盟國的情報機構費盡心力，他們真正能吸收或以勒索或賄賂等手段控制、又具影響力的特務少之又少；如果還要求他們支持主流民意所反對之政策，便更難找到適合人選。但安格頓及其英國支持者對於蘇聯威脅的看法，已經進入走火入魔的地步。

陰謀論難以根除。陰謀論之所以吸引人，部分原因是我們人生中面對某些事件或改變時，可能會感到擔憂、害怕或覺得無法掌控，因而想要尋求解釋。陰謀論正好滿足我們的需求。軍情五處的彼得．萊特必定是把大英帝國瓦解後英國全球地位的衰退怪罪於共產國家，把英國的經濟疲軟怪罪於國內工會中的共產黨支持者。

現代陰謀論思維的本質：以九一一事件為例

根據上述案例，我們可以辨認今日的偏執思維。陰謀論通常符合若干特色且具有某些共同元素：[11]

- 除了陰謀論本身以外，並無串連各點的證據。
- 需要近乎超人般的權勢。
- 陰謀非常複雜，需要諸多元素才得以成立。
- 需要大量人士的保密。
- 陰謀的野心龐大（例如統治世界）。
- 把事實與臆測混為一談。

- 把有可能發生的小型事件，誇大成不太可能發生的重大事件。
- 主張某些小型事件帶有邪惡的意義。

多數陰謀論皆需極為強大的權勢才能取得大量人士的支持，唯有他們的參與和保密，陰謀才得以進行。通常必須有數量大到不合理的複雜元素同時成立，陰謀才得以實施。我們都知道，現實中這種情況通常會在某個環節發生錯誤，陰謀論卻從來不會出錯。如果某個理論需要愈來複雜的推理才能解釋相反的證據，這個理論很有可能是陰謀論的迴圈。

陰謀論通常具有一項共同元素：掌權者為了自己的秘密目的，置一般大眾於險境。歷史上有個經常被人提起的案例：一九四二年，英國對恩尼格瑪密碼機的解密工作，揭露德軍將轟炸英格蘭的城市科芬翠（Coventry），邱吉爾卻沒有警告該座城市，默許科芬翠遭到毀滅，因為如果事先警告科芬翠的話，布萊切利園破譯恩尼格瑪的秘密便有可能洩露。[12]但事實並非如此。劍橋大學歷史教授哈利．興斯利（Harry Hinsley）是官方二戰情報史學家，根據他對檔案的研究，當年的解密訊息並無提及攻擊目標是哪座城市。但即便遭到否證，這起陰謀論依然流傳於社會，甚至登上戲劇舞台，成為艾倫．波拉克（Alan Pollack）的劇作《One Night in November》的一部份。波拉克利用這起事件突顯邱吉爾當年面對的難題，故事卻脫離史實——這是一個很有趣的案例：今日許多人喜歡為歷史事件添加虛構的娛樂元素，這種作法固然能吸引觀眾，卻犧牲了史實。

今日廣為流傳的九一一事件陰謀論，具有上述所有特質。陰謀論者主張美國情報與國安機構事先就知道恐怖份子將發動攻擊，但選擇知情不報。美國國會九一一事件調查委員會（Congressional 9/11 Commission）等機構調閱機密檔案與各項證據進行調查後，發現此說法並非事實，陰謀論者卻說背後有「深層政府」在掩蓋證據並操弄檔案，藉此誤導調查委員會。對陰謀論者而言，證據的缺乏（以及沒有吹哨者站出來爆料自己的參與）更是證明陰謀有多麼深層。這就是陰謀論的迴圈。[13]

有些九一一陰謀論甚至還認定以色列才是攻擊計劃的主使者，而且美國的「深層政府」有可能參與其中。有人說此舉的動機是煽動美國仇伊斯蘭世界的情緒，有人則說是為了促使美軍介入中東。如同陰謀論者所稱，攻擊發生期間紐約的確駐有若干以色列情報官，但是若要以此支持間接證據，證明以色列參與摧毀世貿大樓的計謀，並從而證明陰謀本身的存在，就必須做出一項毫無根據的假設：陰謀的存在。唯有陰謀論本身才能串連各點。任何爭議事件必定會出現巧合之處，但必須要有獨立的可信證據證明因果關係，而九一一事件完全沒有這些證據。

建築師與工程師九一一真相組織（Architects and Engineers for 9/11 Truth）是另一個陰謀論團體。他們宣稱客機撞擊的力量與機上的燃料不可能擊垮世貿大樓。世貿大樓的倒塌必定是人為爆炸的結果。[14]但根據國家科學技術學會（National Institute for Science and Technology，簡稱NIST）的解釋，由於一根關鍵柱子變形，導致大樓上部在衝擊之下倒塌，而大樓上部在重力的牽引下，以強大的動能衝擊大樓下部，但燃燒層以下的結構無法吸收衝擊，最終導致整棟大樓倒塌。

陰謀論者又說，塵埃噴射的距離過遠，證明有爆炸的發生。然而，公開的土木工程分析報告指出，大樓倒塌時，極大的重量受到重力的牽引，導致基底產生巨大的空氣壓力，使空氣以每小時近五百英里的速度噴射出去，因此產生塵埃噴射。同理，也有陰謀論者堅稱塵埃中的水泥粒子體積非常小，因此必定是爆炸的產物，但根據計算，大樓結構坍塌時所產生的壓力的確可以產生這樣的粒子。然而，陰謀論者又進一步主張，九一一事件發生前，大樓曾進行電梯翻新計劃，讓植入炸藥的人員可以在不令人起疑的情況下進入世貿大樓的核心區域。倘若沒有電梯翻新計劃，陰謀論者是否就會放棄堅持九一一事件背後有人為爆炸的陰謀？不會。他們必定會提出其他植入炸藥的方法以支持自己的陰謀論。電梯翻新計劃無法證明亦無法否證陰謀的存在（其唯一的作用就是讓提出此主張的人更顯可疑），電視和影片的紀錄明確顯示，大樓的屋頂沈入建築結構，導致內部塌陷，而建築表面起初完好無損。

如果要以複雜的陰謀論解釋某事件，就必須提出實證以證明陰謀本身的存在，而非單單宣稱有這樣的可能。此原則適用許多關於公眾事件的陰謀論。今日社群媒體上，這些主張一旦出現，便會快速散佈並獲得死忠的支持者。大多數人在職場上也曾受到陰謀論思維的影響，認為競爭部門存心想要找我們麻煩，或擔心某個不受歡迎的上司對我們懷有偏見，於是阻撓我們升遷或不給予最好的機會。這些想法通常源於對失敗的恐懼，而且很可能演變為一種偏執。一旦步入這種心境，我們看到任何中立的跡象，便會認為它指向某種深層的陰謀。根據我的經驗，即便在秘密情報的世界裡，搞砸遠多於陰謀。

新證據的出現

我們通常認為自己能理性評估情資並用以了解週遭的狀況。然而，新證據經判斷為有效後，我們將被迫重新思考自己原本堅持的意見。面對這種情況，我們通常會產生無意識的抗拒心理。我們可能必須收回先前堅定說出的話語。從前做出的決策現在看來理由並不充分，迫使我們思考一些難以啟齒的問題。當初做下這些決策的難度愈高，我們便愈有可能無意識地避免思考決策失誤的可能。

當然，面對新證據而轉變想法時，我們應學會不要苛責。接獲從前未知的資訊時，也毋須為當初根據既有證據誠實做下的決策感到罪惡。儘管如此，無論是個人還是團體，皆經常為了維護面子而產生否定心理，其中一個警訊就是出現替代行為，意即忙於從事其他工作，藉此避免面對新發現的事實。質疑新證據的依據也是一種警訊，而且同時還會推遲一切思考，直到發覺更多新證據才願意繼續。

發現自己原本的想法錯誤時，可能會令人一陣眩暈。你體認到有原本不瞭解的狀況正在發生，而這可能令情勢的未來發展與預期大相逕庭。原本用一套論述解釋的事件，現在必須根據新資訊重新接受檢驗。容我用一個老掉牙的比喻來描述：原本各點之間的連結形成一種規律，現在卻呈現非常不同的形狀。對於這種感覺，情報官再熟悉不過。約翰．勒卡雷（John le Carré）的經典小說《鍋匠、裁縫、士兵、間諜》（Tinker Tailor Soldier Spy）刻畫出此一時刻：年邁的反情報官喬治．史麥利（George Smiley）愕然發現蘇聯情報頭子卡拉（Karla）對英國情報機構的欺騙手段：[15]

同一個夜晚……喬治．史麥利沒有換衣服也沒有刮鬍子。他坐在少校的位子上，低頭閱讀、比較、寫下註解、交叉比對……搖晃各項資訊……此刻，他的心境猶如科學家直覺到自己即將發現某些事情，而且邏輯上的連結隨時會發生。不久後……他稱之為「把所有東西丟到試管內，看看會不會爆炸」……結果他中了。沒有爆炸性的啟示，沒有靈光一閃，沒有大喊「我發現了！」……僅僅是他所查閱的紀錄與整理的筆記，在他眼前證實了一項理論……

我們可以想像，喬治．史麥利可能在測試若干假說，藉此揪出窩藏於組織內部的間諜。他知道這名間諜的暱稱是兒歌《鍋匠、裁縫、士兵、乞丐、窮人》（Tinker, Tailor, Soldier, Beggerman and Poorman）中的一種。當看似有關的新證據出現時，必須思考的關鍵問題就是：如果這名間諜的暱稱是鍋匠，這項證據存在的機率為何？此問題觸及證據的本質。這就是本書第一章介紹的貝氏推論法。情況有可能是這樣的：如果鍋匠是間諜，那麼這項證據便不太可能存在。例如，檢閱檔案後發現把情資洩露給克格勃的人不可能是鍋匠，因為他無權調閱檔案。如此一來，鍋匠便可列為低度嫌疑人。倘若嫌疑人中唯獨裁縫有權限調閱被洩露的資訊，那麼裁縫是間諜的機率便大幅提升。如果證據無法排除任何假說（所有嫌疑人皆有調閱遭洩露資訊的權限），那麼這項證據便無法協助史麥利做出抉擇，他對每位嫌疑人的懷疑程度不會因為這項證據而改變。

情報界對於貝氏推論法再熟悉也不過。二戰期間，計算機先驅艾倫．圖靈（Alan Turing）在布萊切利園獨立重新發現貝氏方法，以掌握自己是否更接近破解恩尼格瑪密碼機的目標。面對新證據時，我們可以運用貝氏推論法提升各種判斷的信心。

貝氏推論法的一大優勢在於它著重的不只是證據的本質，更是證據的相關程度。每一項證據皆須獨立經過檢驗，以評估其是否能區別各項替代假說。完成這項流程後，才能進行加總，以計算每項假說與多少證據不相符。這種結構式的思維流程可以大幅降低分析官本身的心境影響到證據的評估，畢竟分析官可能也會害怕得出令人擔憂的結論。這種情況下，此方法亦能防止一種偏誤。應用心理學家稱之為「分開加總效應」（subadditivity effect），指的是總體的發生機率低於各部分發生機率的加總。因此，我們必須整合所有證據才能做出判斷。

列出所有證據後，分析官可以做判斷。如本書先前所述，原則上我們會選擇反對證據最少的假說。根據古典科學方法（本書所介紹的方法即改編自古典科學方法），我們必須嘗試否證各項理論，運用這些理論作出預測，然後以證據驗證預測。如果證據無法證實預測，那就找尋背後的原因；有可能是因為實驗的設定，也有可能是因為經過仔細檢驗後，實驗其實並沒有檢驗到預期中的理論。如以上可能皆可排除，那就代表理論本身可能有問題，因此必須修正或汰換。即使某理論不成立，我們還是有可能發現支持該理論的證據。正確的預測並無法協助我們評估理論的正確性。

控管仰賴殘缺情資的風險

有些風險無從規避，但有些風險可以控管。我們必須掌握潛在風險的發生機率，並評估自己能多大幅度地降低發生機率。骰子或輪盤等機械裝置如果公平又公正，各項機率皆是固定的，每一項結果的發生機率皆相等，我們可以根據可能結果的數量計算出每項結果的發生機率。骰子有六種可能結果，輪盤則有三十八種（三十六個紅槽及黑槽，加上一個〇與一個〇〇）。如果玩輪盤遊戲，而且想在不把銀行存款噴光的情況下盡可能地享受樂趣和氣氛，最持久的玩法就是針對賠率相等的標的進行下注，例如投注紅黑、奇偶、大小。長久下來，這種方法依然會輸錢，但輸錢的速度絕對低於詹姆士．龐德（James Bond）那種下注單號或零號的玩法。

倫敦高級賭場的輪盤原則上是公正的，轉盤沒有耗損，荷官也不會耍詐。獨立的賭博委員會

（Gambling Commission）會稽查賭場是否符合其技術標準，稽查通過後才會換發執照。但稽查員如何測試輪盤公正與否？輪盤的轉輪本身很簡單，我們可以運用基本的機率論來計算從公正輪盤轉出眼前結果的機率。如果輪盤轉出的結果真正隨機，的確有可能（但機率極低）連續出現五個零，但稽查員如果有疑慮的話，亦能要求賭場再轉幾次，並將結果納為證據。轉數並無上限。這就是測試輪盤公正與否的可靠方法。

如果下注的事件無法重複，那就有趣了。賽馬正是如此。六隻賽馬進行比賽，每一隻獲勝的機率皆不相等。有些馬在泥濘的賽道上跑得比較快，有些則比較慢。每一隻馬皆有自己的歷史成績，不同的騎手也會影響結果。面對臨時更換騎手等新資訊時，下注者必須調整自己能接受的賠率。

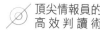

國安工作的各個環節皆會用到風險判斷。國安機構的分析官獲悉關注對象被目擊和已知極端主義份子來往後，可能就必須修正自己原本對於這位人士所下的判斷。這種修正機率或後驗機率可能會使國安單位重新開始監控這位人士，甚至採取逮捕等干預行動。根據新證據修正信心的做法，正是貝氏方法的核心：根據假說成立的先驗機率，評估接獲新情報後信心水準的修正程度，以推導出後驗機率。這是一種逆向的機率問題。

儘管如此，我們接獲的資訊中，可能含有不實的訊息，刻意或無意地扭曲現實世界。我們必須謹慎提防操弄、欺騙、造假。這就是本書下一章的主題。

記得檢查推理過程

小時候，無論是解簡單的運算還是複雜的題目，數學老師都會叮嚀我們要檢查自己的運算過程。這並非人的本性，絕大多數人解出答案後，無論對錯都會想進入下一題。我自己也是如此。唯有學習數學多年後，我才真正明白，原本極度排斥、覺得沒有必要的檢查，其實是運算過程或像樣的證明過程中不可或缺的環節，唯有如此才能得出可靠的答案。我亦體悟到，如果沒有列出推理的過程，便難以檢查自己的結論是否正確，遑論交給他人檢查，因此情報分析官不能僅僅寫下自己的關鍵判斷，還必須列出結論背後的推理過程和證據。英國聯合情報委員會委員的七年間，我曾多次目睹評估報告的草擬人被迫解釋自己判斷背後的推理過程，而且在解釋的過程中發現論點存在缺陷，導致聯合情報委員會對草稿進行修正，讓評估報告的讀者可以將其納入考量。

我們也學到，檢查這個步驟必須是一個積極參與、發揮創意的過程，而非單單按照同樣的運算或證明步驟，以同樣的先後順序把問題再做一次。如果推理過程和有錯誤，這種原路重走的方式很有可能讓人無意間重蹈覆轍。

有一個很好的檢查方法：疑似得出答案後，以另一種方式重新解題。先假定自己的答案正確，然後從答案回推，看看答案是否符合原始問題的條件。最簡單的案例就是長除法（小學時並非我的強項）：把自己算出的答案乘以除數，看看是否得出被除數。如果得出的結果不一樣，就代表原本的運算出了問題。

根據此思路，達成結論後、被要求解釋結論的理由前，你是否能藉由回推來證明推理過程中的每一步皆符合問題的條件？勞資法庭（Employment Tribunal）上經常出現這種案例：雇主開除員工後，員工主張僱主非法歧視，迫使僱主上法庭解釋自己開出該名員工的理由。連英國首相於二〇一九年令國會長時間休會（關閉）的決策，也受到最高法院的檢驗。首相無法向最高法院提出有力的證據以說明決策背後的理由，因此法院裁定決策違法。簡而言之，推理的品質控管是一種積極參與的過程，必須以和原始思路充分相異的方式進行壓力測試，藉此在結論轉變為決策前找出錯誤，

因此，分析團隊可能會優先針對評估背後的基礎情資與資訊進行品質檢測。理想上，分析官可以針對來源資料庫進行檢索和搜索，檢視來源的種類和日期，並透過註解掌握這些來源的優缺

點，藉此定期檢查自己的評估是否符合最新的資料。

檢測若要真正有效，分析官就必須盡可能在符合安全的條件下取得關於情資來源的背景資訊。掌握情報當初的取得條件，方能權衡其用於評估的效力。伊拉克戰爭爆發前，軍情六處向政府高層發布一份看似重要的報告，證實伊拉克正在製造生化武器，但由於這份情資來自尚在測試的新線人，軍情六處基於安全理由並沒有將報告呈現給國防情報組的專家。因此巴特勒勳爵主張，「就算要保護線人，關於技術事務的報告仍應想辦法盡可能接受專家的分析」。[16] 這份報告最終撤回。

結論：偏執妄想與陰謀論

就連理性的人也有可能落入偏執狂和陰謀論的陷阱。為避免這類錯誤的發生，我們必須：

- 注意陰謀論的特徵：

除了陰謀論本身以外，並無串連各點的證據。

需要近乎超人般的權勢。
陰謀非常複雜，需要諸多元素才得以成立。
需要大量人士的保密。
陰謀的野心龐大（例如統治世界）。
把事實與臆測混為一談。
把有可能發生的小型事件誇大成不太可能發生的重大事件。
主張某些小型事件帶有邪惡的意義。

- 發現有人落入陰謀論的封閉迴圈（莫比烏斯帶）時，請提供旁人的觀點。
- 看看新證據是否被封閉迴圈內部的邏輯化解。
- 運用貝氏思維評估新的證據，藉此壓制偏執思維或陰謀論的吸引力，並透過回推法檢查自己的推理過程。
- 偏執思維具有傳染力，因為它能為痛苦、恐懼和焦慮的狀態提供滿足情感的解釋。
- 數位媒體使陰謀論和謠言的散布更為容易，消滅更為困難。請阻止陰謀論演變成獵巫行動。

第07章

眼見不足以為憑

——提防操弄、欺騙與造假

倫敦白廳的舊海軍部大樓躲藏於一座石牆之後。一七六〇年，一群水手圍繞著大樓，要求海軍支付積欠的軍餉，於是海軍部築起石牆做為保護。進入大樓，你會先經過一個房間，霍雷肖・納爾遜（Horatio Nelson）在特拉法加海戰（Battle of Trafalgar）後的遺體於此停靈一夜，翌日經由泰晤士河運往聖保羅大教堂（St Paul's Cathedral）下葬。此房間樓上的狹廊內則藏有另一段歷史：四十號房（Room 40）。一九一四年一次大戰爆發之初，英國海軍情報部在此成立。一九一七年，四十號房的密碼學家懷有三個深層秘密：他們已破解德國的高層外交密碼、他們竊聽美國跨大西洋電纜的電報通訊、他們知道如何運用機密情報影響美國的公眾輿論。[1]

為操縱作戰空間，英國已切斷德國連接至美國的海底纜線，迫使德國透過美國的纜線進行通訊，而美國的纜線正好通過英國的康瓦爾郡（Cornwall），且遭到海軍部的竊聽。這相當有利於情蒐工作，但在一九一七年，海軍情報部長瑞奇諾．霍爾（Reginald Hall）少將發現，有一份截獲電報可以用來當作「武器」：他們可以刻意公開電報內容，藉此傷害敵軍。此時的理想目標是促使美國參戰，支援英法等國組成的聯盟。霍爾面對一則難題：這份德國電報是秘密截獲而來的，他們要如何公開這份電報的尷尬內容，而不洩露其來源？他們不能讓德國知道自己的密碼已早破解，也不能讓美國知道自己的電纜遭到英國常態竊聽。

一九一七年一月，德國外交部長亞瑟．齊默曼（Arthur Zimmerman）向墨西哥提議，若美國參戰對抗德國，德國可以和墨西哥結盟。根據他的盤算，墨西哥如果對美宣戰，就能箝制美軍並拖緩美國對英國的軍備出口。此提議被轉譯成一份高度機密的電報，透過美國跨大西洋纜線發送至德國駐華府大使館，再由大使館發送至墨西哥市。德國以為自己的密碼天衣無縫，但在四十號房裡，傑出的密碼學家奈吉爾．德格雷（Nigel de Grey）已開始進行破譯。翌日，電報的前幾行已被解碼，勾勒出德國為換取墨西哥對戰事的支持，向墨西哥提出的條件：

> 我們計劃於二月一日開始實施無限制潛艇戰。與此同時，我們將竭力使美國保持中立。倘若計劃失敗，我們建議在下列基礎上與墨西哥結盟：協同作戰；共同議和；我們將會向貴國提供大

量資金援助；我們也理解墨西哥將會收復新墨西哥州、德克薩斯州和亞利桑那州的失土。

一八九四年至一八九六年美墨戰爭期間，墨西哥部分領土遭到美國吞併或奪取。霍爾與德格雷立刻明白，德國向墨西哥提出的收復失土提議，可以用來煽動美國公共輿論的反德情緒。美國民眾不可能同意將這些領土返還墨西哥，他們看到這份提議後，必定會厭惡德國。

這則故事是從事隱蔽資訊活動的完美案例。霍爾的行動目標非常明確。他認為自己的目標受眾會接受這份資訊，但如果要向威爾遜總統（Woodrow Wilson）透露電報內容，藉此讓電報內容公諸於世，霍爾必須先克服三大挑戰：不能讓德國知道自國現行的高層密碼遭到破解；不能讓美國知道英國竊聽跨大西洋電纜；但又要向美國總統透露充分的資訊，使其相信電報為真。

霍爾與其團隊等待三週後，才將此事告知四十號房外部的人士。他們利用這段期間完成破譯並制定好計劃。

為欺瞞德國，英國可以在消息傳開後公開宣稱自己的特務從德國駐墨西哥大使館竊取電報（美方確信電報為真後，同意配合演出，支持這套說辭）。為欺瞞美國，英國可以宣稱該電報透過三條路線發送：一條是無線電，另外兩條則屬於某些中立國家的外交事務纜線，令美方（以及德方）難以搜尋其來源。霍爾猜測，德國駐華府大使館必須透過美國的商業電報服務將電報傳送至墨西哥，而這個環節可能會使用較為老舊且強度較低的密碼，因此墨西哥的電報局必定擁有一份加密文件。於是霍爾賄賂一名墨西哥員工，請他竊取一份電報文件，這樣英方便能向美方展示該份文件的解密版，向美方揭露英國有能力破解強度低的密碼，但不讓美方知道英國其實有能力破解德國現行的外交密碼。

最後，為說服美方相信截獲電報為真，英方建議美方自行調取華府電報局存放的加密電報，並運用英方所提供的低強度德國密碼，和英方在墨西哥端截獲的電報進行比對。

一九一七年二月一日，德國宣布恢復無限制潛艇戰，令美國與德國斷絕外交關係。霍爾判斷時機成熟，選擇在二月五日向英國外交部透露電報一事，並請自己在美國駐倫敦大使館的聯絡人安排美國大使會見英國外交大臣。美國大使接獲加密文件、德文破譯、英文翻譯。想當然耳，大使對於德國的提議震怒至極，並將此事稟報威爾遜總統，請美國當局運用電報公司的檔案驗證細節。二月二十八日，威爾遜總公布電文。可想而知，美國內部支持德國的人士懷疑這是英國的陰謀，但齊默曼自己的反應讓這些人鴉雀無聲。三月三日的一場記者會上，有人詢問齊默曼關於電報的問題，齊默曼告訴美國記者：「我無法否認。此事屬實。」

德國外交部不認為自己的密碼遭到破解，反而對駐墨西哥大使館展開獵巫，企圖揪出叛國賊。一九一七年四月六日，美國國會對德國宣戰。情報被當作武器使用，達成預期的效果，而且情報的來源並沒有曝光。

惡意資訊

齊默曼電報是真的，但原是不應曝光的機密。這種竊取並刻意使用真實資訊之行為，現在已有專業術語：惡意資訊（malinformation）。[2] 把這種真實但尷尬或有害的資訊公諸於世，藉此影響特定受眾的做法，不只日益成為隱蔽行動的常見戰術，更是成為一種投放政治炸藥的方式。近期就發生諸多案例：二〇一六年美國總統大選期間，俄羅斯駭入民主黨全國委員會主席的電子郵件帳戶，並透過維基解密（Wiki-leaks）公諸於世；二〇一七年法國總統大選期間，也有人針對艾曼紐．馬克宏（Emmanuel Macron）總統的共和前進黨發動類似的攻擊。

欲匿名洩露機密資訊或敏感資訊的人，喜歡利用維基解密（由朱利安．亞桑傑[Julian Assange]

於二〇〇六年成立）等網站做為平台。二〇一〇年至二〇一一年間，維基解密因為公開美軍在伊拉克和阿富汗的機密行動資訊而聲名大噪。此前，美國陸軍駐伊拉克情報分析官切爾西．曼寧（Chelsea Manning，原名布萊德利[Bradley]）總計把七十五萬份文件洩露給維基解密，其中包括二十五萬份國務院電報。切爾西．曼寧出庭受審時，說明自己洩露這些文件是為了引發廣大群眾討論美國的海外政策與介入行動，藉此促進世界和平。[3]

美國國家安全局（National Security Agency，簡稱NSA）承包商僱員愛德華．史諾登（Edward Snowden）潛逃至香港後，維基解密也曾協助他躲避美國政府的緝拿。史諾登最終落腳莫斯科，流亡至今。史諾登竊取大量高度機密的英美情報文件，二〇一三年起，媒體根據這些文件開始指控美國國家安全局和英國政府通訊總部從事大量調閱通訊資料的監控活動以及其他數位情報活動。[4]

最近的洩密情事發生於二〇一九年。英國駐華府大使的機密電報遭到洩露。電報內容坦白報告川普政府各項廣為人知的缺失。川普總統因而怒發推特，英國大使也因此辭職。此類案例族繁不及備載，皆是有人竊取或洩露真實的機密文件，並透過網路公諸於世，藉此達成更大的政治目的。這就是現代的惡意資訊散布行動。今日，電子郵件和其他文件皆以數位形式儲存，比起霍爾的年代，今日有心人要散布惡意資訊簡直輕而易舉。

當然，過去有許多傳統的機密資訊洩露事件，我認為未來只會更多。史諾登的諸多指控登上媒體頭條，其中之一是美國國家安全局與英國政府通訊總部正在竊聽全球海底電纜。但這其實沒什麼好震驚的，本章稍早就提到，英國於一九一七年竊聽跨大西洋電纜並截獲齊默曼電報，史學家多年來都知道這起事件。

公布或洩露真實機密資訊的行為，背後通常具有刻意動機，但有時候這種事情的發生的確純屬意外。阿根廷入侵福克蘭群島翌日，英國下議院爆發激烈的辯論。前工黨大臣泰德・羅蘭茲（Ted Rowlands）嚴厲批評政府沒有做好準備。為證明政府怠忽職守，他脫口而出自己於一九七七年在外交部擔任初級大臣時，會讀取經過訊號情報官破譯的阿根廷通訊，並從中獲得重要情資：「閱讀敵人心思的同時，我們多年來也在閱讀他們的電報。」此言驚動柴契爾夫人。她表示羅蘭茲的失言內容雖然屬實，卻「導致全面且嚴重的傷害，因為他讓情蒐的對象知道太多了……透露太多事情，只會讓來源乾枯」。[5]

錯誤資訊

社會所流傳的資訊當中必定含有一些不實的消息或是有可能誤導人的片面事實。我們大家皆有可能犯下無心之過，就連學者、記者、政治人物在寫作和演講時也不例外。有人指出錯誤後，我們應改正之。這種無心之過稱為「錯誤資訊」（misinformation），以和「謠言」（disinformation）做出區別；後者是刻意利用假資訊欺騙他人的行為。

信譽良好的媒體如果發生誤傳錯誤資訊，會在專欄或網站上發表修正聲明。有德行的政治人物發現自己誤傳假消息給同事乃至大眾後，會向國會報告自己的錯誤並儘速導正視聽。法律規定當企業發現帳務出錯時應儘速修正。人若要取得他人的信任，也應負起同樣的道德義務。根據我在英國政府服務多年的經驗，把假資訊誤傳給國務大臣，使其進而誤導國會，是屬一屬二嚴重的錯誤。我至少見識過一次這種案例：原本前途光明的官員，被常務次長發現沒有檢查國會質詢擬答稿中關於敏感政治議題的數字，因而仕途受阻。

但有的時候，儘管事情背後的真相不得不曝光，我們仍不能吐露事件的全貌。儘管泰德·羅蘭茲失言，政府通訊總部仍於一九八二年勉強趕上阿根廷海軍密碼的變更。政府通訊總部於五月一日截獲一道阿根廷的軍令並加以破譯，得知阿根廷海軍奉命於英國特遣艦隊抵達南大西洋後對其發動首次武力攻擊，阿根廷海軍將於翌日採取大規模的雙管行動。截獲的軍令顯示，攻擊行動的其中一側由單艘阿根廷航空母艦領導，另一側則是貝爾格拉諾號（Belgrano）巡洋艦所領導的艦隊。

這些軍令明確顯示，原本的外交事件正轉變為公開戰爭，而且沒有轉圜餘地。皇家海軍的核動力潛艦征服者號（HMS Conqueror）利用聲納探測到一艘正前往為貝爾格拉諾號艦隊補充燃料的補給艦，並開始追蹤貝爾格拉諾號巡洋艦。特遣艦隊指揮官害怕失去追蹤訊號，也明白通訊有斷斷續續的問題，因此急欲尋求戰時內閣（War Cabinet）准許交戰的命令，以把握機會干擾阿根廷艦隊的攻擊行動。內閣准許交戰，征服者號潛艦發射魚雷擊沈貝爾格拉諾號巡洋艦。

在倫敦，國防大臣約翰．諾特認為自己必須儘速向國會報告本次攻擊行動的發生，儘管當時英國本土對本次交戰的戰術情勢幾近全無情資。國防部倉促草擬報告。身為國防大臣的私人秘書長，我和大臣一同搭車前往下議院發表聲明，抵達前數分鐘才把講稿撰擬畢。我深知自己必須表明阿根廷的敵意，藉此說明我方發動攻擊的理由，但同時需確保訊號情報的來源不會因此曝光——在泰德．羅蘭茲的失言事件後，這點尤為重要。

我們在下議院發表的聲明企圖克服這項挑戰。我們表示英國特遣艦隊受到阿根廷整體軍力的威脅，其中一項威脅來自貝爾格拉諾號艦隊。我們說貝爾格拉諾號非常靠近福克蘭群島外圍的完全封鎖區（Total Exclusion Zone），而且「逼近我方特遣艦隊，只有數小時之遙」。這些用字遣詞的目的是表達阿根廷通訊內容所顯露的敵意，但同時不讓任何人知道英國有能力破譯阿根廷的軍令。諾曼第登陸行動後，邱吉爾也對下議院發表誤導的聲明，表示這是「一系列登陸行動中的第一步」，藉此鞏固盟軍的欺敵戰術，也就是本書第五章提到的堅忍行動。[6]

我們後來才發現，阿根廷海軍當初已決定把攻擊延後，而英軍發動攻擊時，貝爾格拉諾號已變更航行路線，朝西南方前進，遠離英國特遣艦隊。雖然這件事並沒有使英方的決策失去合法性，卻在接下來的數年間產生許多毫無用處的陰謀論。有人說英國此舉的目的並非保護特遣艦隊，而是阻礙後續的和談。有人說戰時內閣因為誤解而改變交戰規則。二〇〇五年，勞倫斯・佛里德曼爵士（Sir Lawrence Freedman）所撰之《福克蘭軍事行動正史》出版後，事情的真相才獲得澄清。該書獲准引用阿根廷海軍的通訊內容（當時列為機密），說明阿根廷原本計劃攻擊英國特遣艦隊。

這起錯誤資訊的事件印證上一章提及的教訓：陰謀論式的解讀法一旦出現，就幾乎不可能消滅。無論當事人多麼努力導正視聽，錯誤的資訊仍然不斷流傳。

謠言

民主社會與民主國家的人民最畏懼的資訊行動就是「謠言」（disinformation，又稱黑色宣傳[black propaganda]），也就是明知資訊不實仍要散布資訊的行為。今日，最危險的隱蔽資訊行動就是透過受信賴的管道，散布經過精心設計、令人信以為真的假訊息。本書第十章將會談到，這就是現今俄羅斯大規模顛覆行動的核心。

欺騙行動的關鍵就是盡可能透過各種管道將訊息傳遞給目標受眾。單單一篇報導可能不會為人所信，但如果經過證實，該篇報導變立即成為可靠的資訊。報導一旦成為可靠的資訊，同一個管道後續提供的報導就會受人信任。因此，追查欺騙行動時，必須盡可能檢驗各種資訊管道。主使者必須擁有高超的技術，才能讓每條管道的資訊保持一致並避免錯誤，稍有一處不一致就有可能使騙局遭到拆穿。我們必須格外注意，社群媒體等數位管道是謠言的理想溫床。

為了政治目的而散布「假新聞」的行為自古就有。一九二四年，英國大選前四日，《每日郵報》的頭條刊出「社會主義者的內戰陰謀：莫斯科對國內紅色份子發布命令」，傳言工黨若勝選，將會「癱瘓我國陸海兩軍」。報社宣稱看過共產國際（Communist International）主席葛列格里．季諾維耶夫（Grigory Zinoviev）寫給英國共產國際成員的書信，其內容表示工黨希望與蘇聯簽署條約，藉此「激發是國際與英國無產階級的革命精神……讓我們得以將列寧主義宣揚並傳播至英格蘭與其殖民地」。在這場一九二四年十月的選戰中，工黨首相拉姆齊．麥克唐納（Ramsay MacDonald）的選情原本就不樂觀，這篇關於季諾維耶夫的報導更是致命一擊。

後來證實，季諾維耶夫書信其實是俄羅斯白軍的高明伎倆，他們反對麥克唐納承認蘇維埃政權的政策。英國秘密情報機構在里加取得這份文件後便將其回傳至倫敦。以今日的術語而言，《每日郵報》的報導就是所謂的「假新聞」。如同所有效果良好的資訊行動，這篇報導在大眾心中有屬實的可能（許多《每日郵報》的讀者更是認為報導必定屬實）。雖然季諾維耶夫並沒有撰寫這封信件，但這類信件的確可能出自他筆下，因為信中觀點與他過去曾發表的言論相同；俄羅斯白軍對此再明白不過。結果，該報導成功引發大眾共鳴，鞏固大眾對工黨施政的既有疑慮。

季諾維耶夫假信件風波在在顯示，「假新聞」非常難以否證。[7]雖然有人合理懷疑這起風波對選舉結果是否具有實質影響，也有人懷疑英國情報官知情參與公布假信件的計劃，但直至今日，許多工黨支持者依然認為工黨本應贏得一九二四年的大選，卻被英國情報機構的「深層政府」陰謀給陷害。

自有政治以來，便有抹黑政敵的行為。美國最近的一個案例，就是歐巴馬的「出生門」傳聞。社群媒體上不斷有人謠傳歐巴馬並非美國本土出生的公民，因此依法不得擔任總統。二〇一六年總統大選期間，唐納．川普利用這項議題，聲援那些質疑歐巴馬出生地的人（英文稱為「birthers」），要求歐巴馬出示其出生證明。川普此舉更是使傳聞甚囂塵上。歐巴馬終於公布出生證明後，川普便攬下功勞，稱自己解決爭端。然而，「birthers」堅稱出生證明是偽造的。

承平時期刻意運用欺騙與造謠的國家政策

第一次世界大戰的齊默曼電報、第二次世界大戰的雙重間諜系統，在在顯示戰爭時期兵不厭詐，欺敵戰術（ruse de guerre）時有所聞，這是為了國家的生存。但在承平時期，我們可能會認為民主政府不應欺騙大眾，而在資訊全球化的時代中，這也代表不應欺騙其他國家。

然而，蘇聯的情報機構很早就發現他們可以利用情報的力量在承平時期創造政治武器，藉此對付自己人民以及西方國家。根據他們的定義，秘密情報工作乃是「一個秘密形式的政治鬥爭，利用隱蔽手段與方法取得有用的機密資訊，並採取積極措施影響敵人，削弱其政治、經濟、科學、技術與軍事地位」。蘇聯威權政府採取的積極措施，包括刻意散布關於「主要敵人」的謠言；主要敵人指的是美國和英國。

舉一個生動的案例：克格勃謠傳一九九〇年代的愛滋病流行，源於美國軍方的生物戰實驗。美國在禁止生物武器公約（Biological Weapons Convention）簽署之前曾研究生物製劑（已公開承認），現在也持續研究如何抵禦生物製劑，再加上中情局一九七〇年代的隱蔽計劃曝光，其中包含毒殺古巴領導人斐代爾・卡斯楚（Fidel Castro）的計謀，因此那些想討厭美國的人起初會覺得這則傳聞合理。蘇聯在非洲和開發中世界散布這則傳聞的動機有二。其一，蘇聯情報機構欲煽動反美情緒，散播對美軍的不信任。其二，如果蘇聯自己的生物戰計劃（現有詳細的紀錄）曝光且遭受國際譴責，蘇聯便可以說美國也有類似的計劃。[8]

蘇聯解體之後，俄羅斯發展積極的數位資訊措施。俄羅斯的情報機構、外交機構和國營媒體，會在社群媒體上散布假消息。從前，蘇聯謠傳愛滋病是美國生物戰實驗的產物；現在，俄羅斯謠傳冠狀病毒疫情源自美國的生物武器實驗室。俄羅斯的宣傳企圖合理化其非法併吞克里米亞（Crimea）、侵害烏克蘭領土、擊落MH17客機的行為。俄羅斯亦對烏克蘭的系統發動網路攻擊、在蒙特內哥羅發動政變未遂，還干預西方國家的選舉。這些持續施壓行動皆伴隨著具有敵意的宣傳措施。今日數位造謠行動的規模之大、速度之快，令「假新聞」無遠弗屆，我們必須切記在心。這也是本書第十章的重點。

公開使用情報的風險

四十號房的情報官於一九一七年發現，公開使用來自機密情報的資訊，必定伴隨著曝光計謀或支持某種論點的風險。英美兩國於二〇〇三年入侵伊拉克時，使用了情報分析官的評估為侵略行動提供正當性，當初提供評估報告的情報分析官必定衷心認同這項教訓。

齊默曼電報事件十年後，英國政府碰上公開使用情報的問題，使情報行動受到嚴重影響。一九二七年，倫敦警察廳總部與軍情五處突襲搜查全俄羅斯合作社（All-Russian Cooperative Society，簡稱ARCOS）在倫敦的辦公室。[9]全俄羅斯合作社名義上屬於貿易辦事處，但英國截獲並破譯其與莫斯科之間的通訊後發現，全俄羅斯合作社其實也屬於蘇聯顛覆計劃的戰線。英方截獲一名佔有重要職位的特務通風報信，知悉全俄羅斯合作社獲得共產黨支持者提供的機密文件《英國陸軍信號手冊》（Army Signals Manual）並複製其內容。全俄羅斯合作社與蘇聯貿易代表團共用辦公室，後者享有外交豁免權。英方以尋回陸軍文件為理由，主張蘇聯公使館的行為違反外交公約，藉此取得搜索票。

然而，搜索的結果令英國政府尷尬不已：沒有發現任何可用之證據。搜查行動引發蘇聯當局強烈不滿，抗議英國史無前例地侵犯蘇聯的外交場域。爭議爆發後，下議院就此進行辯論。由於政府遭受撻伐，首相史丹利・包德溫（Stanley Baldwin）被迫為搜索行動提出正當理由。他對國會的聲明中引用四封俄羅斯駐倫敦公使館發送至莫斯科的電報內容，並表示這些電報「進入國王陛下的政府手中」。然而，尷尬的真相是，這些電報乃是被政府密碼學校（GC&CS，政府通訊總部的前身）所截獲與破譯。

想當然耳，有人立即質問包德溫這些情資的來源，於是國會就秘密情報行動與蘇聯顛覆計劃的議題激辯一整天，過程中吐露更多本不應曝光的資訊，洩露英國政府其實有能力攔截莫斯科原本以為安全的通訊。可想而知，蘇聯當局發現自己的通訊遭到英國密碼學家的讀取，於是往後只使用無法破譯的一次性密碼本（one-time pad）傳遞此類訊息。政府密碼學校主任阿拉斯泰・丹尼斯頓（Alastair Denniston，一次大戰期間在海軍部四十號房擔任密碼學家時，因年輕有為而受到重用，並於一九三九年二次大戰爆發後出任布萊切利園主任）寫道，包德溫「被迫危害我們的工作」。此後，英國幾乎再也讀取不到任何蘇聯的高階外交通訊。

此類案例已成為訊號情報界的共同記憶。一九六九年，年輕的我剛加入政府通訊總部時，前輩不斷警告我們這些訊號情報新手：破譯工作取得的成果極為脆弱。國家安全局或政府通訊總部（或是在冷戰初期提及二戰時期布萊切利園的成功故事）等機構的存在一旦曝光，外國軍隊的通訊單位就會起疑並變更密碼以防萬一。舉一個生動的案例：從前首屈一指的美國密碼學家賀伯特．奧斯本．亞德利（Herbert Osborn Yardley）因為自己任職的機構遭到裁撤（由於美國國務卿亨利．劉易斯．史汀生[Henry Lewis Stimson]突然開始推動倫理外交政策，並說出惡名昭彰的一句話：「紳士不會互讀對方的信件」）而失去工作後，出版《美國黑室》（The American Black Chamber）一書，透露美國通訊情報工作方面的成功案例，還解釋日本的密碼系統與其破解方式。於是，日本發現自己的密碼遭到破解，加上一九二二年華盛頓海軍會議（Washington Naval Conference）期間，美國曾藉由破解日本的密碼傷害日本的利益，於是日本立即變更密碼，令美國在二次大戰前相當頭疼。

同樣的邏輯也適用今日的世界。愛德華・史諾登於二〇一三年指控美國國家安全局和英國政府通訊總部監控通訊後，媒體大肆報導此事，導致行動應用程式大幅採用高強度的端對端加密技術。一般使用者使用WhatsApp、Telegram、Viber等通訊程式的時候，希望訊息內容不受情報機構的監控，這種要求卻無意間讓恐怖份子和懷有犯罪意圖的人士有機可趁。因此，對嫌疑人進行情蒐工作時，通訊資料而非訊息內容已成為主要的情資來源，我們可以透過通訊資料掌握「誰在何時何地透過何種方式致電誰」。

近期，網路使用者發現情報和國安機構並非唯一搜集個人資料的組織，亦非最覬覦個人資料的組織。大眾媒體開始學習科技媒體對於政治廣告和政治訊息投放的經驗。先是英國脫歐公投，接著是二〇一六年美國總統大選，運用廣告科技根據選民的個人資料投放廣告的做法，永遠改變了政治的面貌。

政府何時有理欺騙民眾

十八世紀的木板辦公室內，陽光從俯瞰騎兵衛隊閱兵場（Horse Guards Parade）的長窗灑房間，內閣秘書約翰・杭特爵士（Sir John Hunt）坐在鋪著皮革桌面的辦公桌後方，閱讀當日稍早口述的紀錄，然後在文件上簽署姓名的縮寫。這份文件下令關閉自己負責監督的一項的隱蔽計劃——跨部會顛覆防制計劃。[10]

但現在是一九七四年。工黨在哈洛德・威爾遜的帶領下贏得大選並準備接班。杭特雖然作風強硬且意志堅決，但他現在必須和新上任的威爾遜首相培養關係。他不想讓這段過程籠罩在反顛覆工作爆發醜聞的風險中。如前章所述，軍情五處部分情報官在美國中情局反恐處長安格頓的影響下，曾懷疑威爾遜是克格勃的影響力特務，並對其展開非正式調查。內秘書必定知道此事。雖然杭特並沒有懷疑威爾遜對國家的忠誠，但他必定害怕英國政府在冷戰初期採取的隱蔽措施被威爾遜內閣中的左派人士發現，因為這些措施的目的是防止左傾人士（其中包括傑出學者）把持具有影響力的職位。

前章把中情局反恐處長詹姆士・安格頓對於蘇聯陰謀的偏執，比喻為困在莫比烏斯帶上的螞蟻。莫比烏斯帶指的是把一條紙帶的其中一端扭轉半圈後與另一端對接，藉此形成一個扭曲的迴圈。螞蟻無論翻越邊緣多少次，仍困於同一個平面上。同理，安格頓受困於自己的陰謀論思維，偏執地認為蘇聯正在執行某種深層陰謀。

反之，如果紙帶的兩端銜接時沒有扭轉，而是平直對接成一個封閉迴圈，便能產生兩個平面，一個位於迴圈內部，一個位於迴圈外部。站在表面上的螞蟻可以看見迴圈外部的開放世界，並懷疑迴圈內部存在著一個秘密世界。如果螞蟻把頭伸過紙帶的邊緣，就有可能瞥見內圈的狀況。螞蟻可能會誤解內圈的狀況，但內圈的存在無庸置疑。約瑟夫．海勒的小說《第22條軍規》裡有一句忠告：「你有偏執妄想，不代表他們沒有在追捕你。」工會與左傾知識份子當中確實藏有共產黨的顛覆陰謀，而英國也採取祕密措施管控這項實質威脅。

若存在於今日，政界顛覆防制小組（Group on Subversion in Public Life）可能會被稱為英國的「深層政府」。此小組由情報和國安機構組成，主席是內閣秘書，成員則是英國情報機構主管與重要政府部會的常務次長。二戰後的工黨政府發現，英國的自由派人士與工會人士可以被推向溫和社會主義和凱因斯的市場社會主義，進而遠離國家共產主義的意識形態。雖然英國公民加入共產黨並不違法，但共產黨員不得加入軍、警或擔任高階文職。政界顛覆防制小組建立一套安全網絡，防止具有共產黨身分的學者獲得牛津大學和劍橋大學等頂尖大學的教授職位。

公開承認自己是馬克思主義者的史學家艾瑞克．霍布斯邦（Eric Hobsbawm）終其一生任教於倫敦大學伯貝克學院（Birkbeck College），他知道自己遭到不公平的對待，長壽的他到臨終前依然鍥而不捨地懇請我和其他人讓他看看自己在軍情五處的檔案，但沒有如願以償。牛津大學史學家克里斯多福．希爾（Christopher Hill）向基爾大學（Keele University）申請教職遭到拒絕（由於他公開支持共產主義），但他後來扳回一城，獲選為牛津大學貝利奧爾學院（Balliol College）院長。我們今日知道這些事情，乃是因為政府把過去的紀錄公開，但這些紀錄當時是機密。

在私生活方面，我認為操弄身邊的人，使其相信關於自己的謊言，或散布真假參半的訊息，以隱藏自己的不是，這都是極度違反倫理的行為。要做出這種行為，就必須提出強而有力的正當理由。同理，民主國家如果要在承平時期運用隱蔽手段操弄大眾的感知，就必須提出嚴謹的正當理由。

冷戰的嚴峻時期，英國就曾提出這樣的理由，以顯露蘇聯人在史達林繼任者統治下的真實生活。當時的英國工會確實受到共產黨影響，而且有理由恐懼蘇聯影響力特務的滲透。一九七四年，工黨的新內閣當中有外交大臣詹姆士．卡拉漢（Jim Callaghan）與國防大臣丹尼士．希利（Denis Healey）等強硬的反共派。他們知道軍情五處必須持續進行傳統的國防任務，追查潛在的蘇聯特務。但新內閣裡也有工黨的左翼人士，他們認為英國國安與情報機構天生右傾，因此對其懷有戒心。內閣秘書判斷，終止影響國內輿論的隱蔽措施是明智之舉。但時至一九七六年，工人顛覆的威脅籠罩英國，首相重啟內閣官方國土安全委員會（Official Home Security Committee of the Cabinet）並指派內閣秘書擔任主席，為部會首長提供反制措施的建議，執掌範圍不只是工人顛覆，更是涵蓋公務體系、教育界和媒體界。[11]

因此，冷戰對峙最嚴重的時刻，無論是保守黨還是工黨政府，英國領導階層皆害怕蘇聯正透過工會、學界、媒體和自由派知識份子進行顛覆計劃，左派人士則懷疑政府出於政治動機對國人採取監控和干預措施。兩派觀點皆有些許道理，但我們現在知道，兩者所說的陰謀皆非事實。

結論：操弄、欺騙、造假

為軍事和政治目的而操弄資訊的做法自古就有，至於這些資訊行動是否符合倫理，端看其動機。欺騙是正當的軍事戰術，理由是欺騙行動的成功可以加速軍事目標大達成，進而降低人命損失。國家面對戰爭或國安威脅時，必須採取資訊行動。承平時期，政府應避免欺騙民眾。如果真的有此必要，政府應儘早在安全的情況下澄清事情的真相（例如，哈洛德・威爾遜於一九六六年禁止政府攔截國會議員的通訊）。[12]然而，資訊的產生方式和傳遞方式已有所改變。今日，數位資訊可以輕易操弄、散播，或針對特定對象投放。利用這項趨勢的不只是政府。政治運動、商業利益、同事、朋友乃至我們自己，皆有可能誤導他人。

若要對抗資訊的操弄、欺騙與造假，請遵循以下原則。

- 辨別我們遇到的情況：

惡意資訊：消息屬實，但本不應公開。

錯誤資訊：消息不實，但非惡意散布。

謠言：消息不實，且刻意散布。

- 遇到錯誤資訊時，大家都有義務儘速導正視聽。
- 慎防因為被洩露而成為武器的真實資訊，尤其是在網路上洩露的資訊；這些資訊有可能經過刪減或更改，使其效力更強。
- 切記，存心欺騙我們的人明白，效果最好的「假新聞」是那些我們認為可能（也應該）屬實的假資訊。
- 切勿高估或低估網路資訊的意義。

● 避免散布看起來像謠言或「假新聞」的資訊（更不要加入其中），以保護自己的名聲。轉推前請三思。

● 切記，假消息被否證後仍然會像臭氣一樣滯留。

第 3 部

明智運用情報的三堂課

第08章 站在對方的角度思考

一九八四年，米哈伊爾・戈巴契夫（Mikhail Gorbachev）出訪倫敦。這是他第一次造訪西方陣營的首都。柴契爾夫人與戈巴契夫會面前對媒體說：「我認為我們可以合作。」

時任蘇聯總書記康斯坦丁・契爾年科（Konstantin Chernenko）身體狀況不佳，根據線報，戈巴契夫是最有可能接替其職位並成為蘇聯領導人的中央政治局委員。柴契爾夫人之所以邀請戈巴契夫與夫人賴莎（Raisa，非常上鏡的一位夫人，與過去蘇聯領導人的妻子完全不同）造訪倫敦，不只是因為她的政治直覺認為英國必須超前部署以因應蘇聯內部的變化，更是因為情報工作上的成功，使她洞察先機。柴契爾夫人也將這份情報分享給美國的雷根總統與若干重要閣員。此案例說明，正合時宜的秘密情報，可以對國際關係與國際談判發揮重大的戰略性影響。

軍情六處在丹麥情報機構的珍貴協助下，吸收了一名佔有關鍵職位的特務。這位特務名叫奧列格・戈爾季耶夫斯基（Oleg Gordievsky），他在克格勃擔任要職，時任蘇聯駐倫敦大使館的克格勃工作站站長。[1]派駐丹麥的三年間，他向秘密情報局提供一系列的珍貴情資與反情報資訊，從而揭露潛伏的蘇聯間諜，並讓西方情報機構深入了解舊蘇聯在布列茲涅夫（Leonid Brezhnev）與其繼位者安德洛波夫（如本書第三章所提，他曾擔任蘇聯國家安全委員會主席，主張無情鎮壓捷克領導人亞歷山大・杜布切克所發起的布拉格之春）的領導下的最後日子。

從哥本哈根調回國後，戈爾季耶夫斯基心不甘情不願地接任克格勃總部的一份辦公室工作。為謹慎起見，秘密情報局同意他的要求，不在莫斯科與他接洽。由於莫斯科的監控嚴密且情報行動難度極高，軍情六處研判風險過大，只要出任何差錯，就有可能導致他被刑求或處死，畢竟這就是格魯烏情報官奧列格・潘科夫斯基上校在一九六二年的下場。軍情六處出於長期戰略考量，決定讓他潛伏在克格勃內部，等到他派駐海外再收割成果。

一九八二年，戈爾季耶夫斯基派駐蘇聯駐倫敦大使館，任職於克格勃的工作站，讓極少數的知情人士竊喜不已。由於我當時擔任政策職，因此我並不知曉此事，但畢竟我在國防部工作，所以我後來也接獲他所提供的情資，只是不知道他的身分，也不知道他在駐倫敦大使館的職位。英國情報機構暗中抹黑戈爾季耶夫斯基的競爭對手，使其仕途順暢，不久後便擔任克格勃工作站的政治情報處長（以克格勃的內部用語而稱，他是「公關線主管」）。

戈爾季耶夫斯基派駐倫敦後，向軍情六處提供一系列寶貴的秘密情報。這些情報的價值極高，因此軍情六處決定於一九八二年十二月將此案件上報給柴契爾夫人。「任何英國首相對英國特務專案的關注程度，皆比不上柴契爾夫人對戈爾季耶夫斯基案的個人關注」，柴契爾夫人傳的作家如此描述。[2]英方謹慎挑選根據戈爾季耶夫斯基提供情資所撰寫的報告，精心掩飾其來源後，將其分享給美國中情局和白宮。根據中情局的評估，「戈爾季耶夫斯基提供的情資令雷根總統頓悟」，讓總統一窺蘇聯領導階層的內部運作。

戈爾季耶夫斯基派駐倫敦後便和軍情六處恢復接觸。在戈巴契夫得勢前，他就向軍情六處透露戈巴契夫是克格勃青睞的接班人。根據他的描述，戈巴契夫是一名截然不同的領導人。戈巴契夫堅信蘇聯必須實施經濟改革才能存活下去。與從前的領導人不同，戈巴契夫希望緩解冷戰的情勢，藉此減輕軍備支出的負擔。戈巴契夫的現代化策略之所以失敗，部分原因是戈爾季耶夫斯基的建言被上報至雷根總統。戈爾季耶夫斯基表示，俄羅斯為了趕上美國國防科技（包括雷根總統的戰略防禦計劃[Star Wars Programme]）所做的努力，最終將會瓦解蘇聯體系。這則預言最終成真。

戈巴契夫與柴契爾首相進行歷史性會晤之前，雙方皆依慣例召開匯報會議，探討會晤時應向對方提出哪些議題，以及面對對方提出某些議題時，應設下哪些防衛底線。奇特的是，英蘇雙方的匯報皆含有大量來自戈爾季耶夫斯基的情資。對柴契爾而言，戈爾季耶夫斯基是英國秘密情報局的臥底，為英方提供關於戈巴契夫的情資；對戈巴契夫而言，戈爾季耶夫斯基是克格勃倫敦工作站的政治報告處長。戈爾季耶夫斯基從軍情六處與外交部得知哪些議題是英方的關注重點，於是他建議戈巴契夫為此做好準備。另一方面，戈爾季耶夫斯基不只事先警告柴契爾蘇聯將會提出哪些議題，更是以蘇聯內部人士的身分建議柴契爾該如何回覆這些議題，以達成預期的效果，和蘇聯未來的領導人保持良好關係。

八日的訪問行程期間，克格勃為戈巴契夫舉行每日匯報，戈巴契夫「在報告上劃重點，表示感激與滿意」。戈爾季耶夫斯基看了便知自己的計劃成功了。一名參與此事的軍情六處分析官日後表示：「雙方都在接收我們的資訊。我們當時進行的是史無前例的行動——在不扭曲事實的情況下，運用情資維護雙邊關係並開啟新的可能。我們少數人有幸參與其中，見證歷史的關頭。」[3]

訪英之旅對戈巴契夫而言是一大成功，同時也提升他的國際資歷。一九八五年一月，克格勃再次晉升戈爾季耶夫斯基，任他為倫敦工作站的站長。於是，戈爾季耶夫斯基成為全倫敦最高階的蘇聯間諜，有權接觸克格勃的深層秘密。這也意味軍情六處可以取得這些秘密。

戈爾季耶夫斯基獨特的情報權限對美蘇關係更是至關重要。他提供的情資讓雷根總統與重要的內閣成員明白，老一輩的蘇聯領導階層對美國的核武能力懷有偏執的妄想，而且極度害怕美國與北約採取第一擊。蘇聯竟然會恐懼美國會對蘇聯的戰略部隊發動第一擊，這簡直就像機場小說情節一樣不可思議。我曾於一九八五至一九八八年間擔任英國駐北約代表團的國防顧問，也曾多次參與假想蘇聯侵略的核武發射演習。我親眼見證過，即便是假想的演習，北約成員國之間也難以達成一致的共識，遑論集體決定對蘇聯開戰。

戈爾季耶夫斯基透露，莫斯科的中央政治局深信馬克思主義其中一則教條：資本主義與共產主義之間最終必有一戰，而共產主義的「主要對手」（美國）正積極為此做準備。克格勃總部指示駐北約成員國首都的工作站進行名為「雷恩計劃」（Project Ryan）的情蒐演練，向總部回報西方國家為開戰做準備的各種跡象，觀察西方國家有無囤積血漿的情形，或是國防部大樓的夜間點燈數量。[4] 戈爾季耶夫斯基表示，駐北約成員國首都的克格勃情報官皆心知肚明，這一切都是高層的偏執妄想，但仍然憤世嫉俗地完成交辦任務，以保住珍貴的駐西方職位。現任俄羅斯總統普丁以前曾任克格勃情報官。普丁統治之下的俄羅斯國營媒體，仍然指控北約正為攻擊俄羅斯做準備——我曾派駐北約多年，很清楚這在一九八〇年代不可能發生，在今日亦不可能發生。[5]

一九八三年，蘇聯的偏執妄想差點導致全球危機。美國海軍與空軍緊密跟蹤監控蘇聯部隊的動向，並對蘇聯的軍演進行情蒐。由於蘇聯的軍力不斷增長，雷根總統欲展現其早期決心。[6]蘇聯情報機構也監控北約定期舉行的核武發射演習（傑出射手演習[Exercise Able Archer]）。一名蘇聯軍事指揮官擔憂這有可能是北約發動攻擊的前兆，於是下令部分蘇聯軍隊提高警戒——這是實際危機爆發時才會採取的預防措施。

蘇聯駐東德空軍、駐波蘭空軍，以及部分核武部隊，皆奉命提高警戒。美國情報機構偵測到這些措施後，認為蘇聯有可能即將發動攻擊。這很有可能令美國提高自己的核武警戒層級，但美國很明智地沒有這麼做。如果美國當初果真提高警戒層級，蘇聯最高指揮部可能會認為此舉印證他們最深層的恐懼——美國正準備發動第一擊——於是採取更進一步的預防措施。這些措施將會被美國偵測到，並引發危險的循環，雙方互相採取行動與反制，令情勢不斷升級。

戈爾季耶夫斯基解釋蘇聯採取這些措施背後的原因。他說蘇聯實施雷恩計劃是因為恐懼美國發動第一擊。傑出射手演習恐慌事件後，華府聽取戈爾季耶夫斯基根據情資所做的解釋，決定日後變動美軍部署的時候要謹慎為上，以免被蘇聯解讀為升級情勢的舉措。中情局對傑出射手警報事件的內部摘要寫道：「……幸好戈爾季耶夫斯基透過軍情六處向華府提出警告，防止情勢失控。」

在其中一方感到威脅的情況中，掌握內部情資，瞭解情況的真相，可以使其安心，避免討厭的意外導致衝突爆發。所有國家皆立法禁止間諜行為，但國際法沒有禁止秘密情報活動，主要原因是各個國家對於構成危害國家安全的定義皆有不同的看法（學術研究人員、在國防設施旁拍攝美景的無辜觀光客、拍攝飛機尾號的航空攝影愛好者皆因此吃過虧），但另一個原因是各國皆知道這樣的安排符合自己的利益。簽署軍備管制協定的國家，皆視情報活動為必要措施，因為透過情報活動才能確保對方沒有暗中違反協定。俄羅斯諺語有言：「要信任，但也要查證。」雷根總統與蘇聯商討軍備管制協定時，愛上這一句話。

同理，合資企業或商業合約的各方參與人，若起初就秉持公開透明的原則，就能避免因為誤解而導致互相不信任的情形。許多情侶結婚時不認為有簽署婚前協議書的必要，但若婚前能坦白列出雙方應為家庭做出的財務貢獻並持續證明此類義務之履行，對雙方皆有利。本書下一章的重點就是如何透過履行承諾培養信任。無論何種領域，履行承諾是維護長期關係的關鍵因素。

一九七〇年代，英美兩國的情報機構向北約盟國提出警告，說蘇聯正在研發新一級的中程核導彈SS-20。這款導彈從蘇聯境內發射就有能力打擊西歐全境，能搭載分導式彈頭，使用能躲避衛星偵察的機動式發射台。北約成員國的民眾愈發擔心蘇聯核攻擊能力的增長，會威脅歐洲成員國的安全，因為既有的美蘇戰略軍備管制協定並沒有涵蓋這個項目。

一九七〇年代末，由於德國擔憂SS-20導彈對北約的戰略造成實質威脅，北約做出一項引發爭議的決策：邀請美國在歐洲部署中程導彈與巡弋飛彈。與此同時，美國已邀請蘇聯共商一份完全禁止這類武器的協定（因此，許多人稱北約一九七九年的政策為「雙軌」決策，但以同等武力「反制」SS-20並非北約部署決策的唯一理由）。雙方就此在日內瓦談判多年，卻沒有結果。一九八三年，德國聯邦議院通過美國新型導彈的部署案，而英國也正為美國巡弋飛彈的部署進行準備，導致蘇聯撤出談判，三年後才重返談判桌。此時，蘇聯總書記換成米哈伊爾．戈巴契夫，而如上所述，軍情六處過去的關鍵線人奧列格．戈爾季耶夫斯基正於英國擔任安全的職位，可為軍情六處詳盡分析蘇聯的舉措。

柴契爾曾如此對雷根描述戈巴契夫：「我確實認為他是值得合作的人。我挺喜歡他的——無疑，他完全忠於蘇聯體制，但他同時也願意聆聽，願意展開真誠的對話，並做出自己的決策。」7

一九八六年，雷根總統赴冰島雷克雅維克與戈巴契夫見面前，戈爾季耶夫斯基秘赴華府向總統進行匯報。兩國領導人在高峰會上秉持公開的態度進行商討。這場會議促使雙方展開核武管制談判。一九八七年十二月八日，雷根總統與戈巴契夫總書記簽署《中程飛彈條約》（INF Treaty），禁止陸射中程彈道飛彈及巡弋飛彈之持有、生產或飛行測試，並同意銷毀現有的此類武器。經過多年的艱苦談判與多次失敗後，雙方終於走到這一步。其中，戈爾季耶夫斯基提供的情資發揮舉足輕重的作用。條約簽署後，英國政府確實鬆了一口氣，因為英國在莫爾斯沃思（Molesworth）與格林漢姆公地（Greenham Common）部署美國的核子巡弋飛彈的決策引發極大的爭議。由女性主導的抗議人士在格林漢姆公地的軍事營區外圍建立和平營，這是英國女性主義運動的重要里程碑。

《中程飛彈條約》於二〇一九年終結，這個不幸的事件也是秘密情報工作所導致。二〇〇八年，美國和北約接獲關於導彈測試的技術報告。根據報告內容，俄羅斯正在研發新一級的短程導彈SSC-8。這款導彈的打擊範圍超過五百公里，違反《中程飛彈條約》所規定的上限。美國提出抗議，俄羅斯卻宣稱導彈的最大打擊範圍為四百八十公里。後來本議題暫時被擱置，直到川普總統上台。川普政府的官員長期以來對和俄羅斯等專制國家簽署軍備管制條約抱持懷疑態度。內華達的競選造勢大會結束後，川普對記者表示：「俄羅斯違反協議。他們違反協議好多年了……

我們堅持著協議，我們遵守協議，俄羅斯卻沒有遵守。所以我們打算終止協議。我們要撤出協議。」此話震驚北約歐洲成員國的領導人。二〇一八年十二月，北約成員國的外交部長聽取關於SSC-8實際部署的最新情報，並表態支持美國關於違反協議的立場。《中程飛彈條約》就此終結，實在遺憾。

戈爾季耶夫斯基的故事差點也以悲劇收場。戈爾季耶夫斯基於一九八四年出任倫敦工作站站長後不久，克格勃的反情報官便開始懷疑他，因為臥底於中情局的蘇聯間諜奧德里奇．艾姆斯向委員會透露，英國秘密情報局現正與一名雙重間諜接洽。戈爾季耶夫斯基被找回莫斯科接受質詢。根據他的回憶錄，最可怕的是他的妻子和家人也被帶回莫斯科；這是克格勃的一貫作風，如果有必要，他們便能把家人當作人質。戈爾季耶夫斯基被要求服用吐真劑並接受審訊，他的公寓遭到竊聽。他熬過了這段磨難，且說法沒有破綻，但他明白當局並沒有完全對他放下懷疑。

秘密情報局害怕蘇聯當局正在收網，於是採取一項複雜又高風險的行動（而且史無前例），將戈爾季耶夫斯基從俄羅斯救出，穿越芬蘭和挪威，最終抵達英國。戈爾季耶夫斯基潛逃出境後，蘇聯當局對他進行缺席審判，最終判決有罪並處以死刑。在蘇聯，叛國者一律判處死刑。安全潛逃至英國後，戈爾季耶夫斯基持續提供珍貴的情資，在蘇聯帝國瓦解、柏林圍牆倒塌期間透露莫斯科內部所發生的改變。一九九三年，他晉見雷根總統。總統在當日的日記中寫下這句做為結尾：「補記：今早接見奧列格．安東諾維茲．戈爾季耶夫斯基上校，他是叛逃至英國的克格勃情報官。他的妻子和兩名幼女仍留在蘇聯，我們正努力將她們帶出，讓一家人團圓。」[8]六年後，在柴契爾夫人向戈巴契夫的籲請下，戈爾季耶夫斯基的妻女獲准前往英國，一家人終於團圓。

透過後門通道安全談判

從上述案例可見，雷根和柴契爾與蘇聯領導人戈巴契夫進行談判時，戰略性情報評估發揮了調節作用。於此案例中，其中一方能暗中取得另一個國家的機密，這種情形非常少見，因此秘密情報工作鮮少能對國際關係發揮如此影響。然而，後門通道亦可發揮重要的作用，能在雙方皆不願公開承認與對方接觸的情況下，保持溝通管道的暢通。

商業世界裡，公司通常會派遣外聘的財務顧問向對方的外聘財務顧問以極度機密的管道徵詢意見，討論併購案或分拆案對雙方的利益。個人生活中，如果有對情侶正不幸走向分手，通常都是雙方的朋友謹慎扮演後門通道的角色，在雙方吵架的時候傳遞訊息。

一九六一年，甘迺迪總統曾運用後門通道化解柏林危機。時任司法部長羅伯特・甘迺迪（Robert Kennedy）定期在華府與以蘇聯駐美大使館新聞專員身分為掩護的格魯烏特務喬治・波爾沙科夫（Georgi Bolshakov）上校會面，為其兄長與赫魯雪夫之間保持直接的私人溝通管道。柏林危機於一九六一年爆發，柏林圍牆的兩側敵意劇增。甘迺迪總統向赫魯雪夫傳遞個人請求，請赫魯雪夫撤走部署在圍牆後面虎視眈眈的戰車（我們可以假定，甘迺迪總統也私下保證盟軍這側也將採取相對應的緩和措施）。情勢緩和的同時，雙方皆保住顏面。[9]但請別忘記本書第七章的故事：後門通道必須審慎挑選。這位波爾沙科夫在古巴飛彈危機時，欺騙司法部長羅伯特・甘迺迪，向他保證蘇聯並沒有在古巴部署導彈。

北愛爾蘭軍事行動則是一種截然不同的後門通道案例：民主政府希望與恐怖組織展開接觸。[10]一九七二年，臨時愛爾蘭共和軍（Provisional IRA，簡稱PIRA）對北愛爾蘭警察、軍人、獄警的暴力攻擊，已經達到令人不安的地步，再加上親英派準軍事組織煽動暴動和族群動亂，倫敦方面認為情勢已超出當地能控制的範圍，宣布該區由倫敦直接統治。此際，倫敦急需直接取得公正的戰略情報，而不是單靠當地的警政管道。

英國當局採取的其中一項措施，就是在貝爾法斯特設置等同於軍情六處／軍情五處工作站的機構。軍情六處高階官員法蘭克・史迪爾（Frank Steele）與若干擔任政治顧問的英國官員派駐該處。他們在萊恩賽德（Laneside）一棟住商混合的大型建築物內建立據點，位於貝爾法斯特湖邊的富裕郊區。由於街上暴力事件頻傳，且臨時愛爾蘭共和軍與所謂親英派準軍事組織的恐怖活動日益加劇，英國官員承受巨大的性命風險。本次任務為深層機密。史迪爾的任務是與愛爾蘭共和軍建立隱蔽接觸管道，並想辦法對他們發揮影響力，說服他們終止恐怖行動。

一九七二年，臨時愛爾蘭共和軍的確宣布短暫停火。停火期間結束前一刻，史迪爾在首相愛德華・希思（Edward Heath）的默許下召開秘密會議，請反對黨領袖哈洛德・威爾遜與影子北愛爾蘭事務大臣梅林・里斯（Merlyn Rees）在都柏林與臨時愛爾蘭共和軍領袖會面。雙方就延長停火期間的議題討論了數小時，卻完全沒有結果。午夜過後，臨時愛爾蘭共和軍恢復恐怖行動。

史迪爾沒有放棄，他親自在多尼戈爾（Donegal）與臨時愛爾蘭共和軍領導階層會面，並同意讓恐怖組織的重要領導人赴倫敦與時任北愛爾蘭事務大臣威廉・懷特洛（Willie Whitelaw）會面。一九七二年七月七日，史迪爾伴隨臨時愛爾蘭共和軍的參謀長史恩・麥克史蒂奧芬（Sean Mac Stiofain）、貝爾法斯特旅的傑瑞・亞當斯（Gerry Adams）、德瑞旅（Derry Brigade）的馬丁・

麥吉尼斯（Martin McGuinness）等六名臨時愛爾蘭共和軍領導人登上皇家空軍的飛機，秘密飛往英格蘭。雙方在懷特洛的次長保羅・查農（Paul Channon）位於切恩道（Cheyne Walk）高級社區的公寓裡會面。

會議一開始就不順利。懷特洛日後坦承，同意進行這場會議是他職業生涯中最糟糕的政治失誤。麥克史蒂奧芬一拳打在桌子上，要求英方提出撤離日期。懷特洛根據匯報，以為本次討論的重點是延長停火期限。面對對方如此要求，他保持禮貌的態度，但立場堅決不讓。這起案件的教訓就是：雙方皆準備不足，不了解對方的期待。

史迪爾的任期結束後，由另一位經驗老道的軍情六處官員麥克・奧特利（Michael Oatley）接任。奧特利表示，這項任務中，「情報的作用不是報告情勢，而是影響情勢」。軍情六處的情報官有逾越職權的習慣。英國首相表明不與恐怖份子談判。羅伊・梅森（Roy Mason）擔任北愛爾蘭事務大臣時，曾明令禁止英國官員在暴力活動沒有終止的情況下與臨時愛爾蘭共和軍直接或間接接觸，然而萊恩賽德卻不顧政治風險，擅自開闢隱蔽的溝通管道，與臨時愛爾蘭共和軍領導人見面（這條溝通管道被稱為「管子」[pipe]，得名於「竹管」。即便沒有進行實質的協商，雙方仍可透過竹管吹氣，使對方知道另一端有人）。只有若干高階英國官員知道這件事情。

奧特利曾說：「我讓愛爾蘭共和軍知道，如果他們需要的話，雙方之間仍有一條溝通管道。無論我身處世界的何方，這條管道都可以運作。我不認為我使政府承擔任何重大的政治風險。」

奧特利找到一名可信又安全（而且很勇敢）的中間人，名叫布倫丹．杜迪（Brendan Duddy）。杜迪可站在「管子」的其中一端，在有必要的時候向躲藏於愛爾蘭的臨時愛爾蘭共和軍領導人傳遞訊息，或接收來自他們的訊息。杜迪在德里經營一間專賣薯條和派的餐館，是共和派人士，堅定支持愛爾蘭統一，但非常不認同臨時愛爾蘭共和軍的無差別暴力行動，因此他願意承擔風險，保存和平的契機。杜迪在臨時愛爾蘭共和軍的代號為「登山者」（mountain climber）。他於二〇一七年逝世。

一九八〇年當屬北愛爾蘭最黑暗的時期。梅茲監獄（Maze Prison）的共和派囚犯發起絕食抗議，要求獲得政治犯的地位，其中包括穿著便服的權利。其中一名絕食抗議者瀕臨死亡，「登山者」透過「管子」向奧特利傳話（當時他已離開北愛爾蘭，派駐軍情六處的其他據點），表達妥協的可能。於是奧特利再次參與此案，與北愛爾蘭事務部常務次長共同草擬監獄規範的修正案。常務次長是北愛爾蘭事務部的高階官員，奧特利透過他與其他部會首長乃至柴契爾首相本人合作。根據他線人的說法，絕食抗議者與臨時愛爾蘭共和軍的各個階層皆能接受這份修正案，於是囚犯終止絕食抗議，期待達成協議。

不幸的是，雙方若要達成共識，這份共識必須足夠模糊，獄方卻無法接受如此模糊的共識，令臨時愛爾蘭共和軍感到失望。柴契爾宣布勝利，臨時愛爾蘭共和軍卻聲稱遭到誤導。囚犯發起第二波絕食抗議，至死方休，數十名囚犯死亡後，絕食抗議行動才終止。接著，英國政府立即默默地對抗議者做出關鍵讓步，保障著裝自由與結社自由，並恢復抗議期間的刑期減免。這起事件說明後門通道的價值，但也突顯後門通道在促成談判方面仍有其限制。儘管如此，「管子」仍然保持暢通，維持雙方的隱蔽接觸。

十年後，一九九三年二月，一則訊息透過「管子」傳遞給時任首相約翰．梅傑（John Major），內容是：「衝突結束了，但我們需要你的建議，以真正終結衝突。我們希望實施不公開停火。我們不能公開宣布停火，因為這會造成志願軍的困惑，畢竟媒體會把此舉解讀為投降。我們無法滿足國務大臣的要求，也就是公開聲明放棄暴力，但只要我們確信自己不會被騙，我們願意私下承諾放棄暴力。」倫敦立即給予正面答覆。儘管如此，雙方的行動仍然經歷各種起起伏伏，才終於在梅傑的繼任者東尼．布萊爾（Tony Blair）任內建立穩固的和平進程。其間，臨時愛爾蘭共和軍還忍不住發起最後一次炸彈攻擊，藉此對倫敦施加額外壓力。

然而，上述訊息內容洩露至媒體後，馬丁・麥吉尼斯（Martin McGuinness）強烈否認這就是原本的訊息內容。有可能是貝爾法斯特的情報官在把訊息傳遞給倫敦的時候，提供用字遣詞方面的建議或變更部分內容，以清楚傳達他們揣測中麥吉尼斯的意圖，並使訊息內容更能為對方所接受。如果此事屬實，貝爾法斯特的情報官在最需要的時候，給尋求和平的努力推了一把。11

在複雜的談判過程中，雙方皆亟欲證明自己沒有被欺騙或被誤導，明智的談判專家都明白這點。如果當初高階秘密情報工作沒有證實愛爾蘭共和運動與其軍事側翼有若干領導人認為必須展開合作以終結武裝衝突，我們也不確定柴契爾、梅傑和布萊爾三位首相是否會授權與愛爾蘭臨時共和軍建立後門通道。經歷若干失敗的開端後，他們的決策終於使雙方展開和平進程。儘管期間仍然發生暴力的恐怖行動，但雙方最終簽署《耶穌受難節協議》（Good Friday Agreement）。

成功談判的本質

上述案例說明，如果我們建立私密的管道，藉此瞭解另一方的思維，這種管道在關鍵時刻可以發揮作用（例如證實對方的所言符合其所意）。對方的要求與要求背後的理由通常很明顯，畢竟我們可以從公開來源推導出諸多細節和脈絡。然而，如果我們認為只要證實對方的談判目標為何就能確保成功，那就大錯特錯了，有些談判仍以失敗收場。許多案例中，雙方已達成協議，但協議生效後馬上分崩離析。原因為何？

優質的協議必須囊括雙方所需的利益。如果沒有這層期待，哪會有人想要談判？如果沒有得到利益的保證，哪會有人接受協議？經濟學有一條現代分支叫做機制設計（mechanism design），以數學賽局理論設定談判法則。就算雙方皆不瞭解情況對方的談判目標，就算雙方皆自私行事，藉此將自己的利益最大化，或甚至企圖欺騙對方，談判仍能達成對總體情勢而言最佳的結果。二〇〇七年諾貝爾經濟學獎得主里奧尼德．赫維克茲（Leonid Hurwicz）、艾瑞克．馬斯金（Eric Maskin）和羅傑．梅爾森（Roger Myerson）就是此概念的創始者。

參與談判的兩方皆有所謂的「底線」，在討價還價、協商讓步的時候覺得不能跨過。劣質的談判中，強勢的一方通常會在最後階段得寸進尺，逼迫另一方不斷做出各種小小的讓步，藉此協議中獲得更多利益，令自己所做的讓步看似渺小。這種切香腸戰術（salami slacing）可能會使弱勢的一方跨越底線，但這種協議就算達成也難以長久維持。受委屈的那方會覺得自己讓步太多，因而企圖挽回失土；他們可能會仔細檢查協議或合約的附屬細則，找尋可以利用的漏洞。這即是戰略性結果的相反，也是本書下一章的重點。

有一種談判策略能避免在最後階段被切香腸：在談判之初就詳加思考，如果不談判，是否有好的替代方案？與其以「底線」做為思考基礎，我們可以制定「談判協議的最佳替代方案」（the best alternative to a negotiated agreement，縮寫為ＢＡＴＮＡ）。[12]我在英國文官學院（UK Civil Service College）受訓時學到此談判策略。談判開始前，各方應各自思考，如果談判不成功，對自己最佳的替代方案為何，接著制定可於必要時刻實施的行動方案。如果談判陷入泥淖，雙方皆能因為有替代方案而感到自信。做好前進至已知位置的準備，在心理上好過於撤退至未知位置。這就是此策略的基礎。

如果事先制定好替代方案，就更容易知道何時必須撤離陷入泥淖的談判。如果談判夥伴察覺到你有完善的ＢＡＴＮＡ，他們就比較不會在最後一刻逼迫你做出更多讓步。假如你換新屋，準備賣掉舊有公寓以購買新公寓，而新公寓的售價已經講好了，在這種情況下，制定ＢＡＴＮＡ是個明智的策略。你或許可以向銀行詢問過渡性貸款的事情。如果舊公寓的潛在買家認為你有儘快出售的壓力，選在最後一刻向你殺價，你便能站穩腳步回應這種花招，因為你已經制定好替代方案。如此一來，殺價通常不會成功，就算成功，幅度也不大。

二〇一九年夏，英國首相鮑里斯．強森（Boris Johnson）堅稱英國已制定應變計劃，若談判結果不符合他的期待，英國已做好準備且願意於十月三十一日無協議脫歐。強生可能認為自己已有強效的脫歐BATNA，但就算有應變計劃，無協議脫歐仍有造成混亂與經濟損失的風險，所以國會判斷這並非「談判協議的最佳替代方案」，並通過延後脫歐大限的法案（歐盟也同意），避免英國於二〇一九年在無協議的情況下硬脫歐。

短期利益無法保證長期結果

或許我們很想要趕快把事情了結，以消除未來的不確定性，但基於上述原因以及諸多其他原因，倉促談判並非明智之舉。或許，脫歐派於二〇一六年公投意外獲勝（而且是險勝）後，英國不應立即就向歐盟遞出啟動《里斯本條約》第五十條的意向書。英國沒有花費足夠的時間好好思考脫歐的結果是否符合脫歐派的各種觀點，或想想如何讓眾多留歐派人士的接受脫歐。反覆折騰、歹戲拖棚的談判過程中，英方再三重申，如果談判結果不如預期，替代方案就是無協議硬脫歐，這其實與BATNA恰恰相反。

此外，英國在脫歐的過程中，沒有運用妥當的談判策略來達成目標。為了讓國內支持者放心，起初負責脫歐事務的首長公開表達強硬的立場。然而，他們非但沒有向歐盟內部負責脫歐的官員解釋他們為何表現得立場強硬，反而還表明自己認為歐盟將會因為公投結果而懲罰英國。可想而知，這造成雙方互相不信任。英國的首長也似乎完全不瞭解，保存歐盟法律與憲法秩序是一項正當的考量（以歐盟角度而言）。英國的要求是兩者兼得，既要保留歐盟成員國所享有利益，同時又要脫離歐盟，這種要求必定遭到反對。[13]

英國的首長認為，諸如讓英國持續參與歐洲刑警組織（Europol）和伽利略衛星系統（Galileo Satellite System）這一類的安排，對雙方皆有利，因而堅信雙方必定可以找到解決方案。以英國的觀點而言，這純屬務實作法，但英國萬萬沒想到，對歐盟成員國而言，這是一種違反規則的安排，而且威脅到歐盟體制的基本利益。對文化差異缺乏瞭解，必然導致僵局，進而迫使英國做出讓步。

我們必須花費時間並透過客觀分析瞭解對方，才能為談判做好明智的準備。這和奇蹟式思維恰恰相反，我們不能一廂情願地認為只要帶著意志力和強硬的立場，就能談判成功。

我們可以運用本書一至四章所介紹的ＳＥＥＳ四階段情報分析模型為談判做好妥善的準備。

日常生活中運用此模型所需的情報皆能透過公開來源搜集。首先，辨認未來的潛在利益。如果可以的話，更要建立對自己及談判夥伴的狀況認知，藉此思考對方擁有哪些潛在機會，不要只思考自己。與此同時，也要辨認可能的風險並制訂策略防止自己落入那樣的境地。我們必須瞭解雙方為何必須展開談判，藉此掌握雙方必須得到什麼利益，才會認為談判成功。透過這種思維，我們更能預測雙方對於談判過程中的各種舉措會有何種反應。

談判倫理

認真的談判會讓雙方皆獲得利益，藉此取得持久的成果，而不是使其中一方遭受損失，令一方佔盡便宜。根據行事準則，英國情報官不會透過勒索的手段逼迫特務為他們工作；受勒索的特務很可能會僅提供少量情報，甚至可能為了報仇而扭曲情資，藉此欺騙勒索他的人。同理，談判的時候，如果我們向對方過度施壓，對方不情願地接受協議後，便有可能想辦法扳回一城。商業世界裡，對方可能會交差了事，只提交合約規定的最低限度，甚至因為認定不會有人察覺而偷工減料些許，或是主張自己做了合約沒有涵蓋到的工作而要求補償（營建業者最喜歡的招術）。

因此談判策略之制定，取決於你有多需要和對方建立持久且有效果的關係。三十年前，唐納・川普在著作《交易的藝術》（The Art of the Deal）裡，把「不計一切代價獲勝」的兇猛策略當作一種談判之道。對川普而言，談判夥伴就是敵人，必須予以擊潰。川普的共同作者東尼・史瓦茲（Tony Schwartz）寫道，這種執著於獲勝的心態（如果遭受挫敗，則重新定義談判的目的，然後宣稱勝利）源於對失敗的恐懼。[14]史瓦茲警告，這種策略會令我們失去同理心、理性和比例原則，並使我們無法思考自身行為的長期後果。在這種談判中，我們可能會想透過意料之外的步數打亂對方，例如先浮濫稱讚對方，接著再提出使其不安的威脅。我們可能會強硬地提出最高限度的要求，把緊張焦慮的對手逼出他們的理想結果範圍。突然收回原本承諾的讓步也能達到同樣效果。

如果我們講求的是犧牲對方以換取短期利益，這種毀滅性的談判戰術或許可以贏得「勝利」。在若干情境中，這種策略或許有用，例如為房地產交易提供資金。如果強行通過的交易後來撤銷，我們還是可以將其轉賣。但倘若丟棄的是國家利益，這種策略並不恰當。

任何談判皆採用這種策略的後果就是，你很有可能贏得戰役，卻輸掉戰爭。真正的談判看重的是長遠的結果。

再者，持有不該持有的資訊也伴隨著倫理風險。不該持有的資訊，指的是你知道、但原本不應該知道的資訊。如果你有使用非法資訊的意圖，你就必須思考自己的動機。十九世紀功利主義哲學家約翰・史都華・彌爾曾提出警告：「使用權力干涉文明社會成員的唯一正當目的，就是避免他人受到傷害。」[15]

如果國家受到威脅，政府可能會以公眾利益為理由，儘速採取各種行動，例如進行情蒐並運用權力從事秘密行動。如本章稍早所述，戈爾季耶夫斯基的情資造成了好的結果，這點任何人都難以忽視。但另一方面，有些人可能是為了私利，藉由犧牲他人來成全自己。

商業世界裡，利用本不應得的資訊獲取利益也會產生倫理困境。假設你參與某項海外商業標案，正在準備提案介紹。會議前一晚，你在市中心一間高級餐廳用餐。終於入座後，你發現腳底下有異物，是上一組客人留下來的文件夾。你掃過文件內容，愕然發現竟是主要競標對手的簡報。

心生罪惡感的你抬頭環顧四周，檢查是否有人盯著你看。這時你該怎麼做？持續閱讀簡報，然後把文件放回原處？還是應忽略這些資訊？亦或是衝回飯店重做自己的簡報？你甚至可能懷疑這是陷阱，有人要誣陷你是商業間諜，藉此把你淘汰。人性中善良的天使會告訴你，不能從不應得的資訊獲取利益。但肩膀上的惡魔卻說，如果角色對調，你的對手會毫不猶豫地從中獲利。

最後，你做下決定：這就是我和對手不同之處。這就是我們講求的誠信。如果我們不秉持企業價值，我們又要如何說服其他人相信我們？[16] 翌日，你向招標廠商的商業主管說明此事的來龍去脈，並坦承自己已閱讀過對手的投標資料。主管告訴你，根據最佳作法，他必須取消競標，擇日辦理。理想的話，他還會說你的行為體現了他們理想中長期夥伴應有的特質，值得放心交付公司機密。你的名譽提升了。

我擔任內政部常務次長時，內政大臣約翰・史特勞（John Straw）曾向我說明他個人的倫理規則。簡而言之：有疑慮時，做對的事。事情的發展不一定會如你所望，而且經常會不如你所望，但你可以站得住腳，表示自己已試著做對的事情。如果你要花招或閃避事實，然後情況依然發生問題，你就會被揭穿，而且沒有任何倫理上的理由可為自己辯解。大家會發現你缺乏誠信。

那要怎麼知道哪種做法是「對的事情」？通常就是執行難度高於其他選項的事情，例如讓我們害怕當下遭到批評或責罵的事情，或是迫使我們踏出當下的舒適圈並吐露更多真相的事情。小時候，坦承自己所犯的錯誤是一件痛苦的事情，但受到原諒後會感到寬慰。孩童透過經驗學到，誠信是一種美德，而誠信就是「做對的事情」。我們希望身為成人的大家能觀察孩童的學習過程。

結論：站在對方的角度思考

本章介紹談判的過程。雙方（通常是兩方）化解分歧，在盡可能滿足各自目標的同時，產生雙方都能接受的共同結果。妥善分析對方的目標和動機是關鍵（反之亦然），其重要性可能更勝於瞭解對方有什麼談判籌碼。在這種情境下，我們應秉持以下原則：

- 切勿為了趕緊把事情了結而倉促展開談判。
- 做好謹慎的準備，制定自己信任的BATNA（談判協議的最佳替代方案——這項原則比「底線」更為可靠）。
- 運用SEES模型推敲對方眼中的短長期目標，以滿足自己的需求。
- 分析對方需要得到什麼才會達成協議——對方需要東西的可能對你不是那麼重要。
- 找尋能滿足雙方利益且雙方皆能視為勝利的結果。

- 持有不該持有的資訊不一定會幫助你達成最佳結果：有疑慮時，做對的事。
- 切勿使用招術威嚇對方：被迫接受的協議通常無法持久。
- 準備好接受這項原則：一切條件談妥前，沒有任何一項條件是談妥的，但不要為了打亂對方而撤回原已暫時談妥的條件。

第09章

信用可以打造長久的夥伴關係

戰略性夥伴關係的價值

國家安全局長肯尼斯・米尼漢（Ken Minihan）中將恭敬地拿著以撒・牛頓（Isaac Newton）的著作《自然哲學的數學原理》（Philosophiæ Naturalis Principia Mathematica），那一本是稀有的初版。同一時刻，我告訴他我最喜歡的邱吉爾名言：「回首看得愈遠，向前也會看得愈遠。」

我帶著他參觀肯特郡「志奮領大宅」（Chevening House）的圖書館。志奮領大宅是座美麗的一級古蹟，為英國外交大臣的官邸。身為政府通訊總部部長，我有幸借用大宅數日，做為政府通訊總部各委員會與國家安全局的一場定期聯合會議的開會場地。志奮領大宅有八百年歷史，為我們的討論提供宏偉的底蘊。本次會議的主題是如何在數位時代培養國家安全局與政府通訊總部之間的夥伴關係。探討數論的發展對密碼學的影響，最好的開場方式就是瀏覽這座大宅的數學圖書館，這座圖書館乃是由十八世紀的屋主查爾斯・史坦霍普（Charles Stanhope）所建立。史坦霍普是一名數學家，曾發明早期的機械計算機。

這座圖書館有若干珍貴的館藏：約翰・納皮爾（John Napier）的原始對數表初版、萊布尼茲（Gottfried Wilhelm Leibniz）與高斯（Carl Friedrich Gauss）的開創性作品，以及約翰・沃利斯（John Wallis）的發現。沃利斯是牛津大學薩維爾幾何學教授（Savilian Professor of Geometry），其肖像掛在政府通訊總部位於卓特咸（Cheltenham）的部長辦公室，以紀念他在一六四三年至一六八九年間秘密擔任國家首席密碼學家四十六年之久。

情報機構比誰都瞭解強大的夥伴關係所帶來的價值，也明白必須花時間建立信用，才能處理他人的機密。面對全球性的威脅，即使是大國也難以單憑自己的資源滿足決策者的情報需求。為達成目標，二十一世紀的情報官必須思考要和哪些國家的哪些機構合作。情報官需瞭解每一個合作夥伴的倫理觀及其身處的法規環境，藉此分析對方在合作的時候是否會秉持比例原則與必要原則。

同理，民主政府與民眾之間也應建立值得信任的關係，尤其是使民眾相信政府以數位管道取得大量個人資料後，不會拿來對公民進行監控活動。民主國家可以用人權法案做為建立信任的框架，但仍須採取平衡措施。例如，隱私權與安全權之間應取得平衡；國家保障言論自由的同時，也應保護公民不受各種仇恨言論的攻擊。大家必須相信，透過本書介紹之理性與謹慎的分析法，我們一定可以取得這些平衡。

今日的全球企業與商業就是數位世界。少數超級強大的巨型網路企業發揮決定性的影響力。民主政府需要這些企業的積極合作與科技實力，才能保持網路的開放、自由與安全。這種合作的必要條件就是各方的信任，相信合作關係不會因為商業或政治利益而被濫用。

同理，在個人生活中，我們值得信賴，別人才會願意和我們長期合作。

自願協議才能產生最牢固的關係（若雙方看不到長遠的共同利益，就很有可能只是為了符合法規要求而合作，但這種關係並不牢固）。各方自願參與的共同計劃可以結合各組織最強大的特質，產生單一組織在任何合理時間內不可能產生的成果。在商業世界裡，與關鍵供應商建立長期關係可以提升生產的品質與穩定。如果公司在海外有值得信任的夥伴，於其所瞭解的在地市場執行行銷與銷售業務，公司便能降低成本並控管文化差異必然產生的風險。[1]

秘密情報界有一個案例教導我們，如何在起初信任程度看似不足的情況下建立夥伴關係，那就是美國、英國、加拿大、澳洲、紐西蘭五國所組成的「五眼聯盟」訊號情報夥伴計劃，其核心是英美兩國的關係。[2]過去七十年來，無論是戰爭時期還是承平時期，這項合作計劃持續鞏固這五個國家的安全。

職業生涯中，我在不同的職位上看見英美之間的特殊關係帶給雙方的價值。英美兩國就訊號情報、各類情報、國防科技等方面進行合作，且以北約核夥伴的身分就共同建構核武嚇阻能力，並共同制定九一一事件後的反恐行動，建構現代化的國土安全機制。根據個人經驗，我們必須秉持紮實的合作原則，才能維持這種夥伴關係。我們必須刻意培養一種把合作視為理所當然的文化，並使這種文化代代相傳。

擔任政府通訊總部部長時，我和美國國家安全局長肯尼斯・米尼漢中將密切合作。我們集思廣益，思考組織如何滿足後冷戰時期的各種情報要求，克服這項行動上的挑戰，並且在商業界採用並開發網路和全球資訊網的趨勢下，乘上數位科技這波朝我們襲來的浪潮。我們成為朋友，友誼持續至今（他帶我品嚐他的招牌酒——傑瑞米・韋德肯塔基波本酒。而我是蘇格蘭人，所以我鼓勵他品嚐更精緻的艾雷島、天空島、奧克尼島單一純麥威士忌）。

英美情報夥伴關係成功的原因

個人的職場關係與健全的流程，是建立長久關係的關鍵。一九一八年美軍抵達西線戰場時，潘興（John Pershing）將軍的情報參謀團隊有一名年輕有為的密碼學家，名叫威廉姆・弗里德曼（William F. Friedman）。[3]英軍最高指揮部的高階官員非常具有遠見，他們給予弗里德曼詳盡的指導，向他介紹英國陸軍於戰爭早期在西線戰場進行的訊號情報工作，以及海軍部四十號房對德國外交及海軍通訊的解密工作（如第七章所述之齊默曼電報事件）。弗里德曼尊敬也信任英國訊號情報工作的領導人，其中包括四十號房的阿拉斯泰・丹尼斯頓。[4]二次大戰爆發前，他已成為美國密碼學界的翹楚。一九四一年，他負責在布萊切利園與英國的老朋友重建關係，而布萊切利園的主任正是阿拉斯泰・丹尼斯頓。

英美密碼學家之間的個人友誼與專業尊重，促進了戰略性情報夥伴關係。這層關係對戰爭後期非常重要，即使英國的參謀長委員會與美國參謀長聯席會議之間在政策上出現重大歧異。我欣然發現，弗里德曼於一九四一年訪問英國時，曾參訪我的母校劍橋大學基督聖體學院（Corpus Christi College，創立於一三五二年），陪同他參觀的人是該學院的院士文森教授（E. R.

Vincent），文森後來成為布萊切利園的高階分析師。參訪過後，弗里德曼在日記中寫道：「學院建築恬靜端莊、氣勢宏偉，乃學問、民主體制、人類尊嚴之殿堂。」[5]

邱吉爾首相絕對不會忘記，文森於一九一九年在英國建立的密碼學組織後來成為布萊切利園，把截獲齊默曼電報的海軍部四十號房與和弗里德曼就中線戰場事務進行合作的陸軍情報部門結合在一起。我忍不住在此引用電腦先驅艾倫．圖靈等主要布萊切利園密碼分析師於一九四一年致邱吉爾的信：

親愛的首相：

數週前，我們有幸接受您的參訪，我們認為您很重視我們的工作。然而，我們認為應該向您報告……現在，（恩尼格瑪）海軍密碼的破解工作每日至少延遲十二小時……這是因為訓練有素的人員不足，加上現有解密人員工作勞累……我們只需約二十名訓練有素的打字員，就能把事情推上正軌……我們的需求雖然微小，但應受到立即的重視，如此我們才能盡力把分內的事情做到最好。

首相閣下，我們唯命是從。

艾倫．麥席森．圖靈
威廉．戈登．韋爾奇曼
柯納．休．奧堂納．亞歷山大
菲利浦．史杜華．米爾納．巴瑞

他們派遣其中一位原始署名人史杜華．米爾納．巴瑞（Stuart Milner-Barry）親赴倫敦遞交此信，因為這些密碼學家擔心如果他們透過平常的管道寄出，信件永遠不會抵達首相本人。史杜華對首相官邸的武裝衛兵虛張聲勢，藉此進入官邸，接著威嚇官邸的私人秘書，告訴他此事極為機密。信件就這樣抵達邱吉爾本人。

我加入政府通訊總部前，有幸和史杜華．米爾納．巴瑞見面，是時他已封爵，在財政部任職，而且依然活躍於英國西洋棋界。戰爭結束後，他便離開秘密情報世界。他警告我，承平時期不可能重現戰時工作的強度。儘管如此，我還是加入了政府通訊總部。他當年傳遞的信件，對作戰非常重要。國家檔案館的文件顯示，邱吉爾對其寫下註記：「今日就採取行動。他們的需求一定要優先滿足，辦理完畢後向我報告。」（一個月後辦理完畢）

直至戰爭結束前，邱吉爾持續支持布萊切利園的工作。布萊切利園每日皆將其破譯成果親自送至首相本人手中。密碼學家於一九四一年請求增補打字員的故事，令我聯想到中世紀的日耳曼諺語（亦適用博斯沃思原野戰役[Battle of Bosworth Field]中，理查三世戰敗的經驗）：「少了釘子，失了蹄鐵；少了蹄鐵，失了戰馬；少了戰馬，失了國王；少了國王，失了王國。」

除此以外，我也很珍惜另一項歷史共鳴：一九六九年我報考政府通訊總部時，我的面試官就是該信件的另一名簽署人休．亞歷山大。亞歷山大時任政府通訊總部的首席密碼分析官，同時也是國際西洋棋大師。在這場嚴格的面試中，我記得我們爭論透過計量經濟模型的結果瞭解世界，以及透過數理經濟模型瞭解世界，兩者之間在知識論上的差異。他贏了。

二戰結束後，蘇聯的威脅興起。美國參謀長聯席會議與英國參謀長委員會召開會議，決定持續辦理這項特殊的聯合情報計劃。英國海軍參謀長說道：「我們花了很多時間討論與美國進行百分之百的訊號情報合作，並判斷如果沒有百分之百的話，就不值得合作。」英美兩國的訊號情報機構於一九四六年三月五日簽署共享協議，互相分享密碼分析和通訊訊號之蒐集與分析等諸多資訊。原始協議帶有詳盡的附錄，列出共同認可的完善安全機制，以建立信任並允許夥伴之間直接共享原始的截獲情資。這對雙方皆有利，因為各方可以針對自己擅長的領域進行情蒐，並分工進行處理、翻譯和整理，進而提升各方涵蓋全球議題的能力。

二戰結束後，英美兩國擴展原有的雙邊協議，讓身為戰時同盟的前英國自治領加入：加拿大（一九四八）、紐西蘭與澳洲（一九五六），使其成為今日所謂的五眼聯盟，更進一步提升其全球價值。[6]

今日的五眼聯盟依然秉持創始人在戰爭結束時所構想的寬廣範疇，只不過現在用的詞彙不再是無線電詞彙而是網路詞彙（例如，原本的「通訊分析」[traffic analysis]現在稱為「通訊資料分析」[communications data analysis]）。各代密碼學家與科技專家在戰略性夥伴關係中共同成長，相互分享成功經驗與失敗經驗。他們經常進行人員對調或借調，他們的家人互相結識，他們互相信任，願意分享最敏感的資訊，並就走在科技尖端的聯合專案進行合作。這種深度合作也使情報評估能接受有意義的同儕評閱，讓美方代表能加入英國聯合情報委員會的討論。[7]

其中一項經典的合作案例就是「維諾那計劃」（Venona project），這項計劃成功破解克格勃的一次性密碼本通訊系統，[8]揭穿唐納．麥克琳（擔任英國駐華府大使館辦公處長的外交官）、克勞斯・富赫斯（Klaus Fuchs，英國頂尖核子物理學家，曾參與美國的原子彈與氫彈計劃）等俄羅斯間諜。這些間諜的曝光歸功於英美兩國在密碼分析工作上的合作，但也導致兩國在原子研究與人類情報工作上的合作暫時冷卻，因為如本書第六章所述，詹姆士・安格頓等人害怕英國仍藏有未揭穿的叛徒。

成功的戰略性夥伴關係背後所秉持的原則

跨大西洋情報夥伴關係的案例，可做為任何夥伴關係的可靠準則。首先，互信是任何成功夥伴關係最重要的特質。[9]深度合作必然伴隨著秘密的共享。人際關係如此，政府和商業界亦是如此。其中必定會出現獲取短期私利的機會，但合作雙方必須互相信任，相信對方會抗拒這樣的機會。若要獲得信賴，就必須長期尊重對方的敏感性，展現自己必定會遵守雙方定下的承諾和規範。因此，唯有長期以持續、穩定、可靠的行為，展現誠信、實力和可靠性，才能獲得他人的信賴。

前國安局長麥克・海登（Mike Hayden）在回憶錄中寫道，九一一事件後，國安局制定應變計劃，萬一美國再次遭受恐怖攻擊，致使國安局大部分情報處理能力癱瘓，國安局將請英國政府通訊總部接受美國訊號情報伺服器的工作，直到國安局重新上線為止。[10]看到這樣的應變計劃，我心裡其實一點也不意外。政府通訊總部之所以值得託付如此重責大任，乃是因為其長期以來就是可靠的戰略性夥伴。

長期密切合作的基礎是共同價值。英美兩國的情報機構秉持捍衛民主自由等信念，當兩國國家利益和願景出現歧異時，此等信念能維繫雙方的關係，使其渡過難關。我依然記得自己擔任國防部的國防政策副次長時發生的一件案例。一九九四年，皇家海軍和美國海軍執行聯合國安理會的決議，在亞得里亞海域對波士尼亞實施武器禁運。然而，美國國會的核心領袖卻支持「解除並打擊」（Lift and Strike）的策略：解除武器禁運，運用美國空中武力打擊波士尼亞的塞爾維亞族。但由英國主導的聯合國維和部隊此時正在波士尼亞境內，頭戴藍色鋼盔，開著白色塗裝的車輛護送人道物資。如果美國實施空中打擊，這些部隊有可能遭到報復。

國會通過決議案後，柯林頓總統於一九九四年十一月下令，美國不會實施聯合國的決議案，並且會終止關於此議題的情報共享。[11]美國海軍的神盾巡洋艦退出支援禁運所需的情蒐工作，此舉合乎常情。但就我所知，美國國安局／英國政府通訊總部的整體情報合作計劃並沒有受到阻礙。那些相信夥伴關係背後的價值的人，使其延續下去。雙方持續進行跨大西洋情報合作，並為北約介入波士尼亞和科索沃的行動奠定成功基礎。

雙方必須有堅持的意志，才能將共同目標擺在第一位，無論夥伴關係經歷何種起伏，無論雙方領導人的個人互動程度。政府組織或民間組織進行合作時，高層必須向下傳達清楚的訊息：這份戰略性夥伴關係的長期價值至關重要，不值得因為短期壓力而犧牲。英美兩國進行訊號情報合作時，皆挑選最為傑出的領導人做為派駐對方組織的聯絡官，駐期結束後預期會升任領導階層。剛建立夥伴關係時，聯絡官的挑選至關重要。

無論是政府機構間的夥伴關係，還是私人企業之間的夥伴關係，敏感科技的共享將產生特定的結果。分享秘密的那方相信另一方不會濫用秘密所帶來的機會。此舉亦能反向建立信任，令接收方感覺到給予方的信任。此原則適用生活中的任何分享。

戰時，郵局工程部門的湯米．佛勞斯（Tommy Flowers）使用電話接線板、交換器、一千多顆真空管以及做為輸入的紙帶，為布萊切利園製造全世界第一台可程式控制的電腦——巨像電腦（Colossus）。戰後，美國妥善運用巨像電腦的秘密，其意義不言而喻。美國亦運用其更為豐富的資源，大量製造數學家艾倫．圖靈為破解恩尼格瑪密碼機所創造的原始電腦「Bombe」，並藉此成為英國的主要合作夥伴。

從上述案例中我們可以看出，任何真正夥伴關係的目標皆是達到互惠的境地，使各方皆可得到好處，這樣才算是創造共同利益。利益並不一定要平均分享，其中必定會有多拿或少拿的情形，但長期下來各方的貢獻必須得到相稱的回報。此外，利益也不一定是短期的金錢價值，但長年下來，各方皆應獲得明顯的利益，這樣關係才得以持續。如果獲得的價值有漸增的效果，那就更好。隨著信任的建立，雙方的關係將會深化，其產生的價值也會增加。隨著互信程度提升，雙方可以協同制定新的計劃和共同投資，並接受更高的風險，以換取更大的潛在利益。

兩人約會時，起初必定會找尋共同興趣和連結並探索這些領域，以期建立關係。同理，兩個組織剛開始合作時，可能會因為組織架構和流程差異，而在建立接觸點的時候產生衝突。主導合作的人員必須能體會合作對象的價值觀，如果起初做不到，也必須立即學習。

如本書第五章所述，我們一定要瞭解合作對象的工作本質可能會產生何種心理動力上的衝突。情報機構的工作非比尋常而且壓力巨大，因為秘密情報工作的本質就是企圖取得別人不希望你取得且會積極阻止你取得的資訊。秘密情報的取得、來源、管道皆須包保密。這種工作環境裡，緘默——甚至是徹底隱瞞——是第二本能。大家皆承擔共同風險且需要相互支持，因而培養出強大的人際聯繫。這種環境裡的夥伴關係論述講求說服力與務實性，其目標忌好高騖遠，而且必須符合各組織的價值觀和宗旨。個人生活中，大多數人不會和他人透露心中的事情，而且心中設有鞏固的保密界線。但如果要和他人培養有益的關係，我們就必須準備好接納他人的凝視，分享心中的秘密，建立互信。

如果合作夥伴相互批評，指出可改進之處，而不產生防衛心理，合作關係便擁有一個很重要的安全閥，並為各方提供共同成長的機會。一九八〇年代為北約工作時，我親眼見證一個有趣的案例：國家自願接受夥伴國家的批評。北約主要的指揮官和各國進行密切的諮詢後，會參考北約情報參謀的威脅評估報告為各國提出軍事發展目標，以期各國的計劃能配合北約集體防衛的需求。當然，北約提出的目標大多數是各國自己也想追求的現代化目標，但這項流程促使各國的目標配合北約的總體目標。歐盟採取多數決投票，但北約採取一致決，所以各成員國至少在理論上皆擁有否決權。但久而久之，委員會的同儕評閱流程以及各國基於善意的點名批評，可以確保能力的落差由最適合的國家填補，並達成可信集體防衛的最低標準。這就是戰略性多方夥伴關係的經典案例。

夥伴之間的公開透明亦有助於建構信任。珍珠港事件爆發後，美國於一九四二年加入二次世

界大戰。美國參戰後不久，英國首相溫斯頓・邱吉爾託付一名深受信任的信使，向美國總統羅斯福遞送一封秘密個人信件：[12]

親愛的總統先生：

有一夜我們談到很晚，你說英方的密碼人員一定要和美方的密碼人員密切接觸……然而不久前，我們的專家似乎已發現……美國外交使節團所使用的系統。我們兩國結盟那刻起，我就下令終止這方面的工作。然而，有人向我提出建言，說我們的敵人有可能已經取得某種程度上的成功。若你能私下獨自處理此事，本人不勝感激。如果可以的話，本信讀畢請燒毀……

致上善意的祝福與最親切的問候，請相信我

你誠摯的朋友，溫斯頓・邱吉爾

此信透露英國密碼學家「已發現……美國外交使節團所使用的系統」——意即他們已破譯美

國的外交密碼。由於美國加入盟軍，這些密碼在未來也有可能含有英方的機密。既然英國已找到美國密碼的破綻，德國也有可能會成功。有位美國情報學者如此描述英美關係：「即便對方是最親近的盟國，主權國家從前也不曾向其透露自己的關鍵情報方法和結果」。[13]儘管邱吉爾請求讀畢後燒毀信件，但白宮仍然留存一份複本，所以日後的學者才會發現此事。

夥伴關係的挑戰

無論是個人、商業或情報，證據顯示建立長期夥伴關係是一件困難的事。英國國家統計局（Office for National Statistics）估計，二〇一二年（有此數據的最後一年）英格蘭和威爾斯有四〇%的婚姻會以離婚收場。研究顯示，超過七〇%的商業關係會隨著時間推移而瓦解，而不到一〇%的商業關係達到或超越原本預期的成效。[14]如本書第二章所述，許多計劃失敗的原因是其中一方誤讀對方的動機。例如，商業界的戰略性夥伴關係的雙方皆需成熟地接受，深入夥伴組織的權力不可以拿來榨取私利，而且智慧財產權和商業敏感性必須受到尊重。

成功夥的伴關係有諸多的要件，滿足這些要件並非易事。夥伴關係建立之初，雙方付出的成本可能會比利益更為實質，畢竟這些利益只是潛在利益，也就是未來預期會得到的好處。組織內部必定會出現唱衰的人，他們害怕和另一個組織合作會剝奪他們原本的自由或自主權。至於付出和收穫，你可能會覺得自己不斷在付出，對方不斷在收穫；當然，對方可能也會反過來這樣認為。雙方必須及早建立安全區域，藉此公開討論這些恐懼；其中有些恐懼是實質的，需要雙方著手處理。

如果夥伴關係策略自成一格，不同於合作組織的主要工作動機，這種夥伴關係難以持存。如果新交往的情侶堅決繼續過著原本各自的生活，拒絕為對方的利益做出妥協，他們的關係便難以持久。英美兩國的訊號情報夥伴可說是如膠似漆（當然，這也受到反對夥伴關係如此密切的人批評）。合作是其運作的核心，影響著各個面向的工作，包括制定安全機制、取閱資料流、研究密碼學、應用先進演算法、針對共同關注的目標產生情報見解。

反之，如果夥伴關係過分講求利益交換，雙方便很有可能會以短期利益來評估每一項合作提案。立即的利益會成為衡量成功的主要指標。這種夥伴關係起初不能算是戰略性夥伴關係，但如果雙方能完成若干優質的專案，這種夥伴關係亦能產生豐厚的共同利益。本書稍早曾提及若干成效斐然的行動，例如中情局／軍情六處於一九六〇年代共同經營格魯烏特務奧列格·潘科夫斯基上校的專案，或是軍情六處／丹麥情報機構的合作產生了戈爾季耶夫斯基專案。久而久之，這些案例培養出一種合作的習慣。這種習慣具有確實的戰略性，其價值甚至更為珍貴。

過度短視近利或過於著重利益交換皆會產生風險，商業界有許多不同的策略可以控管這種風險。合作雙方可以運用協調模型，讓既有的架構保持不變，但制定流程確保合作時雙方有足夠的協調。更進一步，雙方可以透過整合模型建置聯合團隊，負責執行夥伴計劃。最有效的是領導模型，指派手握大權的高階主管主導夥伴計劃。

任何夥伴關係必定會出現這樣的情況：有一些敏感或棘手的議題，其中一方可能希望能在協議之外處理。英美情報關係的案例中，這可能是基於法規要求（例如，情報機構必須取得令狀才能攔截國內通訊；這種需求純粹屬於國內議題），或出於政治敏感性（美國和以色列進行情報合作時就會顧慮到這點）。因此，雙方可以為戰略性夥伴關係制定限制條款，明定這份關係的禁止用途。例如英美訊號情報協議禁止任何一方使用透過協議所獲得的情資為本國公司賺取利益（史諾登資料曝光後，歐洲方因為誤解資料而出現批評報告，因此歐巴馬總統發布新的指令給國家安全局，強化這方面的規定）。[15]

各方法規框架的差異也有可能產生障礙。雙方皆須瞭解，各方的行動皆會受到國內法規框架的約束。例如，訊號情報夥伴關係中的各方皆應瞭解，大家都必須遵守自己的國內法規，因此其中一方不能請對方從事他們無法合法從事的行為。例如，如果英國政府通訊總部調查重大的組織犯罪團體時，發現有美國公民牽涉其中，美方必須像自行蒐集情報時一樣，取得必要的法院授權，英方才能將美國公民的身分透露給美方。同理，美方查獲英國公民的情報時亦是如此，例如有人被懷疑和恐怖份子聯繫的的時候。愛德華．史諾登從國安局竊取的文件中，有些帶有「Orcon」的限制條款。Orcon的意思是情報受源頭控管。雖然該情報已分享給其他國家，但情報源頭已設定用途限制。尊重這種限制條款，亦是培養信任的關鍵合作原則。

參與合作的夥伴預期這段關係會產生共同利益。高談闊論創造雙贏很簡單，但真正的雙贏乃是建構在戰略性夥伴關係之上。雙方皆須明白，有時候其中一方必須作出犧牲，協助需要幫助的另一方。如果雙方的關係長期穩固且建構在信用至上，做出犧牲的那方就會明白，未來情況可能會反轉，變成自己需要對方的協助。有時候，其中一方有能力暫時優先處理另一方的緊急需求，但前提是雙方皆須明白，雙方的位置在未來有可能反轉。各方皆成功，夥伴關係才算成功。

如果雙方組織規模差距甚大，且規模較大的一方對規模較小的一方作威作福，夥伴關係必定會出現緊張。但另一方面，雙方也必須拿出證據，證明這段合作關係亦能為規模較大的那方帶來價值。

美國情報機構的規模遠大於英國。我從前經常和美國的同職級官員開玩笑：戰後的英國情報機構就像是薩佛街（Savile Row）的裁縫量身訂做、手裁手織的西裝，可以穿一輩子，但是價格非常高昂，英國政府的預算只買得起少少幾件；另一方面，美國則有能力採用大規模製造思維，使用最先進的機械設備裁切出各種大小和風格的合用西裝，而且成本低廉到美國買足全系列的西裝。高品質的手作品（例如英國政府通訊總部數學家的工作）搭配全系列產品（例如美國的衛星星座），在冷戰時期發揮強大的力量。美國參與一項運用英國創新技術的大規模訊號情報投資計劃後，政府通訊總部部長喬．胡博爵士（Sir Joe Hooper）曾向國安局長派特．卡特（Pat Carter）說：「在我們雙方的人民躺臥之處，我們特別把被毯和床單舖得更平。我和你一樣喜歡這樣。」16

控管危機的最佳方法是夥伴關係

「何不使用因應恐怖攻擊的方式因應本次危機？」當時政府的民間緊急事變委員會（Civil Contingencies Committee）召開一場令人氣餒的會議後，我向內政大臣約翰．史特勞低聲說道。史特勞是該委員會的主席，而身為他的常務次長，我擔任該委員會的副主席。當時是二〇〇〇年九月，我們突然接獲報告，得知煉油廠遭到抗議人士包圍。

這場委員會的會議的舉辦地點是內閣辦公廳裡一間深具歷史意義的會議室，牆上掛有歷史政要的畫像，表情嚴肅地看著部會首長互相討論自己選區內發生的事情，卻沒有人提出任何因應之道。二十四小時內，擔任秘書的官員將會揣測部會首長心中想要的決策，據此製做一份精美的會議紀錄，並將其傳閱。但屆時事態可能已經失控：媒體報導稱英國恐面臨全國性的石油短缺，並猜測醫院和醫療服務將陷入混亂，民眾通勤將會發生困難，產業可能無法維持運作。因此，我才向傑克．史特勞提出那番建議。[17]

內閣辦公廳簡報室（Cabinet Office Briefing Room）是一間二十四小時全年無休的情況中心（媒體喜歡稱之為COBRA，聽起來很猛）。我們都參與過演習，知道如何使用這間簡報室處理劫持或人質事件。我希望（後來證明我的看法正確）把簡報室的運作方法傳給負責處理民間緊急事變的人員，藉由日日定時召開會議保持一種「戰鬥旋律」，促使指揮鏈底下的人即時準備情報和行動匯報，並傳達一種每個組織面對危機時皆有的單一使命感。國家安全即是一種戰略性夥伴關係。

政府公開承認內閣辦公廳簡報室這方面的用途。如果發生緊急事變，政府會召開記者會說明簡報室已啟動，並秀出部會首長手持文件夾、氣勢堅決地走進內閣辦公廳的畫面，藉此讓安撫民心。二〇二〇年間，政府面對COVID-19疫情時亦是如此。

對於會影響大眾的事件，政府傳達的資訊一定要準確且真實。公部門如此，民間企業亦是如此。如果資訊被懷疑不實，可信度就會受損，需要長時間才能復原。根據我學到的教訓，緊急事件現場傳出的第一份報導必定帶有重大錯誤。有時，等待更多資訊的出現是最佳的做法，但我們也必須瞭解既有資訊的限制，並坦白承認其限制。

二〇〇〇年燃料危機期間，培養夥伴關係成為關鍵。列席內閣辦公廳簡報室的警察廳長邀請石油公司的代表參與會議。石油公司的代表配有筆記型電腦，可以連結至公司的配送系統，藉此提供即時的燃料供應狀況，並有能力將僅存的供給調配給優先使用者，其中包括燃料即將用罄的大型醫院。如此一來，政府便有時間制定政治策略，同時化解爭端。

注意到供給面臨短缺後，你會陷入「囚徒困境」，不知道其他人會如何應對。二〇二〇年的COVID-19即是如此。即使你沒有迫切的需求，你是否仍會出門搶購並囤積物資？還是你會負起社會責任，讓真正需要物資的人購買？但你知道其他人也面臨同樣的困境。如果大家都不搶購自己不需要的物資，這樣的結果是最理想的；如果大家都搶購，只有你不搶購，你就會被他們的自私害到；倘若大家都不搶購，只有你搶購，你至少享受到自私帶來的利益；如果你和大家都搶購，所有人都會受苦，但至少你不會單獨吃虧。以個人觀點評估這四種情境，會發現不搶購並非「理性行為」，無法將「利益最大化」。由於多數人也會這麼思考，大家便在超市和加油站前大排長龍，一起受苦。

今日，社群媒體使我們更容易受到謠言和危機的傷害（如本書第七章所述）。擔任內政部常務次長期間，我學到這則教訓，瞭解到公眾如何感知發展中的情勢。當時，英國政府實施新的孩童護照申請規定，新資訊科技系統的上線又湊巧遭到延遲。新聞頭條報導延遲的情事後，許多家庭開始理性思考夏天渡假該怎麼辦，於是便合理地及早遞出護照換發的申請。由於申請人潮眾多，延遲變得更為嚴重。由於延遲嚴重，民眾更是搶著申請——這就影響到因為家人有緊急事故而急需換發護照的人。我的上司內政大臣傑克．史特勞後來稱此護照之亂為「我處理過對我職涯威脅最大的事件」。[18]

顯然，政府沒有魔杖可以奇蹟般消除這種日常生活中的混亂事件。中央政府、地方政府和關鍵基礎建設公司，必須讓民眾信任其建議，而這層信任又取決於這些組織和媒體、新媒體以及危機當下民眾會求助之公民團體的既有關係。這些關係算不上是夥伴關係，但本章探討的鞏固夥伴關係的原則同樣適用於這些關係。

因應數位未來的威脅

現今，維持大眾對政府的信心是國家安全工作的核心。我猜許多人認為國安就是守衛國家領土和國家利益，國家軍隊和北約同盟即是此等防衛的體現。今日，我們必須想得更廣，考量到大眾在國內外的直接安全。二十一世紀的國家安全工作必須考量到面對全球威脅的網路公民，並保護民主體制不受顛覆。我喜歡把國安比做一種心理狀態。國安就是一種「信心狀態」，相信恐怖攻擊、網路犯罪、網路攻擊、數位威嚇等人民所面對的重大威脅受到滿意地控管——亦即，讓人民可以自由地、充滿信心地過上充實的生活，即便明白威脅永遠都在，永遠都會有敵對國家、恐怖份子和罪犯企圖傷害我們的利益。

再強大的國家都無法憑藉自身的資源控管明日的數位威脅。如本書稍早所述，五眼聯盟對今日的數位情報工作具有珍貴的價值，但各個民主國家之間也應廣泛培養夥伴關係，尤其是北美和歐洲的民主國家。根據經驗，如果情報和國安機構和國外的夥伴合作，相互分享個各自的進展並對計劃和評估進行同儕評閱，情報的產出品質將會有所提升。歐洲情報學院（European Intelligence College）的聯合情報訓練只是個開端。

今日，歐洲每次發生恐怖攻擊或個人資料外洩事件後，各國就會呼籲加強合作，藉此揪出元兇並防止罪行再次發生。此外，俄羅斯對美國和歐洲發動網路顛覆行動，加劇民粹主義在種族和移民議題上所挑起的緊張關係，並干擾民主選舉。未來，各組織必須建立夥伴關係，藉此發揮綜效，強化公民的安全，才更有可能達成傑出的成果。

結論：信用和長久的夥伴關係

夥伴關係是所有互動的基石。以總體層面而言，大型組織的合作就是一種夥伴關係。以個體層面而言，朋友、同事、情侶之間的關係也屬夥伴關係。鮮少有國家成功培養出真正意義上的國內情報社群，因為各個情報機構之間（包括相關執法機構）真的難以自由自在地在行動上進行合作並分享成果。全球各地的秘密情報界充斥著對立較勁和某種程度上的不信任感。即使情報機構之間進行合作，合作關係也都是以交易為基礎，每一件情報共享專案的價值都會個別衡量。

但本章的主要結論是：信用是戰略性夥伴關係的必要條件。五眼聯盟是一個成功的國際情報合作案例，其經驗適用於任何戰略性夥伴關係的建構。如果要建立強大的夥伴關係，我們應秉持以下原則：

- 找尋共同利益，讓參與關係的各方皆能得利。
- 建立安全區域，讓潛在夥伴能私下相互吐露自己的顧慮。
- 使各方不同的優勢互相搭配，以發揮綜效，產生遠大於各自為政的效果。
- 相信每位夥伴皆願意支持對方的考量，並在必要時提供協助。
- 制定公正分配利益的機制。
- 透過建立信用，從非正式的合作狀態進入協調模型，再進入整合模型，最後進入領導模型。協調模型讓組織能在基礎架構不變的情況下進行合作，整合模型則是設置聯合團隊，專門負責夥伴關係內的行動。

第10章

顛覆和煽動的手段已數位化

二〇二七年記事

二〇二七年冷峭的新年夜，倫敦特拉法加廣場上，白雪柔柔地降在戴著北極熊口罩的狂歡群眾身上。他們恭聽一名年輕的煽動型政治人物在台上發表演講。她說，如果她這次大選當選首相，她將實施新的環境和平倡議行動以拯救地球。她這波新興政治活動的重點是透過社群媒體舉辦經常性的數位公投，藉此實施直接民主。她計劃清理環境、實施即刻零碳排放政策、對污染排放者課徵懲罰稅、禁止私家非電動車進入市中心、把英國所有的核武除役（因為俄羅斯提出舉辦雙邊核武裁撤會談），並縮減國防預算，同時撤出北約的軍事架構。這場振奮人心的演講結束後，載著口罩的群眾舉著拳頭發出歡呼之聲。[1]

她的支持者選用北極熊口罩作為反抗的象徵，主張跳脫傳統政治的泥淖，藉此拯救地球，阻止物種滅絕。此象徵乃是間接向反烏托邦電影《V怪客》（V for Vendetta，2006）致敬。[2]《V怪客》描寫二〇二七年，一場激進的反抗運動推翻專制壓迫的英國政府。這場反抗運動以蓋．福克斯（Guy Fawkes）的面具做為象徵。福克斯曾經企圖炸毀英國國會大樓，這群戴著北極熊口罩的人士透過數位公投即可輕易避開「深層政府」。二〇二七年已經到來。這年，環境民粹主義加上揚棄傳統的代議政治的浪潮席捲英國，主張徹底改革的政黨以些微票數之差勝選。

這場選舉的投票率創新低，反映大眾對於政治階級和國會鬧劇的厭煩。長年以來，歐洲各地的政治階級在國會上演各種光怪陸離的行為，使國會陷入僵局。YouTube上出現一支影片，指控熱情洋溢的保守黨黨魁出訪海外時從事極端的性愛活動。不過保守黨先前早已陷入分裂危機，外洩的電郵揭露該黨有計劃重新加入改革過後的歐洲共同貿易集團，導致大批選民投下廢票。

有人在中間偏左路線工黨新黨魁和幕僚長於下議院的電腦裡，發現兒童色情集團的資料，當局因而啟動調查。兩人雖然強烈否認這項指控，仍被迫辭職下台，工黨也因此選情崩潰。社群媒體還充斥著陰謀論，說有一個由油礦開採公司高階主管組成的秘密社團向自由民主黨提供大筆政治獻金，換取該黨擱置對油礦產業的增稅計劃。

一整年下來，社群媒體充斥著外洩的電郵，內容似乎揭露政府官員為取得海外國防合約而進行腐敗的交易，經費支出遭到篡改，顯赫國會議員從事非法活動和不當行為。民眾看了既是感到娛樂又是感到噁心。西敏宮的整修經費顯然超出預算的兩倍。最糟糕的是，一艘巨型油輪竟然釋放超過十萬加侖的原油，使其流入謝德蘭群島的特殊科研海域，疑似是控制系統遭到網路攻擊。維基解密網站重新上線後，以電子郵件為證據爆料核廢料運輸的安全措施堪憂，揭露運輸商為了節省成本而忽略安全程序，政府官員卻視若無睹。社群媒體流傳恐怖的報導，控訴污染與核事故的風險。環境抗議人士義憤填膺，加入核裁撤支持者的大規模抗爭，發起新的政治運動。至少對於去投票的選民而言，一個年輕、清廉、反戰、真正想解決氣候變遷的政府上台，代表情勢在未來有改善的希望。

上台後，年輕的首相與北約成員國的領袖站展開會談，卻遭受挫折。華府已開始抑制英美情報合作，限縮美國分享給英國的衛星影像；另一方面，莫斯科對於第一輪核武裁撤談判表示歡迎。但新出現的證據顯示，大選競選期間曾有隱藏的手在操弄大眾的感知。保守黨黨魁縱慾的影片，被發現帶有「深度造假」（deep-fake）軟體的痕跡；現在看來，導致工黨黨魁和幕僚長下台的兒童色情影片，似乎是遭人刻意植入他們的的電腦，網路瀏覽紀錄則遭到高明的軟體篡改，軍情五處懷疑安裝軟體的人是一名國會實習生。許多爆料政治人物私生活的內容，皆可追溯至海外犯罪集團入侵電郵系統的行動。這些內容源自鮮為人知的社群媒體新聞網站，網站的經營者是掩護公司。俄羅斯對雙邊核武裁撤談判的歡迎態度根本就只是裝模作樣，俄方在會談上提出的唯一裁撤是縮減老舊的戰術核武器。俄羅斯的參謀部老早就想把這些武器裁撤掉了，因為他們負擔不起更新這些武器的費用。[3]

聯合情報委員會評估，俄羅斯裝出談判的意願是為了操弄英國大選的結果。委員會在國家網路安全中心的建議下提出警告，表示許多攻擊反對黨的駭客事件與社群媒體上的惡意網路活動，背後皆有俄羅斯集團的操弄。保守黨魁落入的「數位甜蜜陷阱」就是典型的俄羅斯伎倆，但聯合情報委員會也謹慎表示，此陷阱亦有可能源自若干其他國家的情報機構，因為這些國家也想要讓英國難堪。委員會知道莫斯科否認指控，但指出RT電視台和其他英國國內的俄羅斯傳媒散布英文政治宣傳攻擊美國和北約。委員會表示俄羅斯過去曾有干預選舉的紀錄，就差沒定調外國政府的干預決定了此次大選的結果。

「選舉遭到操縱，選舉結果無效！」反對黨黨魁仍然大聲疾呼。「我們敗選的原因是外國顛覆行動，不是英國的誠實民意。」但首相的女性發言人態度強硬：「這是一場公平的選舉，我們必須尊重人民的意志。」與此同時，一名在優勢微弱選區敗選的保守黨議員聲請司法審查，調查為何獨立的選舉法院沒有介入選舉結果並宣布選舉無效。然而，證據顯示，首相新興政黨的豐沛經費皆來自獨立的倡議人士和小型英國企業（雖然若干企業擁有海外利益）。有人傳聞新政黨在選前曾鼓勵駭客入侵社群媒體帳號，並為「假新聞」的浪潮推波助瀾，但並沒有實質的證據證明有勾結的情事發生。二十一世紀顛覆行為的構成要件究竟為何？這種情況下，什麼算是不公平的選舉結果？法律界對此看法歧異。[4]最高法院勢必舉行聽證會，但這場選舉的結果表面上有體現民意，如果非民選的法官推翻選舉結果，國家可能會爆發憲政危機。

二〇二八年底，執政黨在下議院的席次只維持多數邊緣，勉強可以推動國內政策。但英鎊兌美元的匯率貶至歷史新低，通貨膨脹和失業率則不斷攀升。英國撤出北約的談判不斷拖延。財政部以莫斯科願意裁撤諸多老舊武器為由，堅持立即終止三叉戟彈道飛彈潛艦的興建，並暫停嚇阻性巡邏，令國防部擔憂至極，同時也驚動華府和巴黎。為了轉移焦點，政府在社群媒體上進行民意調查後，宣布實施一系列的焦點團體會談，探討君主制度的缺陷，並舉辦公投測試民眾是否支持建立共和制。

當晚，在倫敦梅菲爾區一棟樸素的馬廄式洋房裡，私人晚宴即將結束，晚宴的主人是一名媒體大亨。他請餐廳服務生離場，親自為在座的賓客斟麥芽威士忌。在場人士有退休的全球石油巨頭董事長、若干高階城市金融家、曾任右翼報社編輯的上議院議員、早已退休的英國特種部隊高階軍官，以及一名退休政治家暨衛隊前軍官。

該名退休政治家高談闊論：「我向各位保證，現役軍人必定銘記他們的誓言：『誓以至誠，效忠王冠，對抗其一切敵人。』這包括內閣裡的那幫革命份子。多數民眾想不擇手段除掉他們，就算打仗也在所不惜。」

晚宴主人向桌邊一名身材魁梧、服儀些許邋遢的男人挑起眉頭，對方坐的位置離餐桌稍遠，至今一言未發。「算我們一份。」來自印第安納州的他拉著長音說道。「但不需要動用武力。我們是你們在大西洋另一端的盟友，我們和科技巨頭的關係良好，所以不要擔心財務或技術上的支援。如果找得到醜聞，我們可以揭露；如果找不到醜聞，我們肯定能捏造。這場遊戲不是我們發起的。」

此時敲門聲響。有人姍姍來遲。國王的私人秘書長身著優雅的服裝進入包廂，婉拒威士忌，並專心聆聽晚宴主人摘述剛才的討論。接著她起身說道：「各位先生，這是叛國，我無法參與此事。我們是民主國家，推翻民選政府是叛亂的行為——即便是為了捍衛君主的憲法地位。我不會洩露在座各位的秘密，但是——」她聳肩。「我的主人和我唯一能做的，就是靜待歷史的決定。」

是虛構？還是事實？

上述情境當然是虛構的，這種情況組合的發生機率確實極低。儘管如此，我的政治小說仍如實描寫俄羅斯今日採用的現代戰術。在未來，中國等國家也會對自己的勢力範圍採取同樣的戰術。許多戰略專家認為，這種「混合戰爭」或「灰色地帶」的戰爭，將重新定義二十一世紀的戰爭本身。[5]上述故事背後的教訓就是，該情境中的各個元素皆有可能加劇既有的危機。

我們已經看到：在網路上留下的選擇、分享和評論等足跡，可以洩露出諸多資訊；個人資料可以被用來做政治訊息投放，針對最容易上鉤的選民族群散布謠言；假網站可以散布極端訊息，企圖加劇已經很明顯的族群分裂；真實但有損聲譽的資訊被駭客竊取或竊錄然後匿名公開，做為惡意資訊攻擊之用。這些行動得力於目標國家政治內圈不知不覺地浮現的民粹恐懼和擔憂。

除此以外，從前華沙公約成員國情報機構使用的傳統蘇聯「骯髒步」可能也繼續上演，以毒品或性愛等甜蜜陷阱誘惑對方，藉此陷對方於不義。然而，在未來的數位世界裡，陷害對手不需要那麼麻煩，因為假造不利資訊太容易了。有心人可以變造錄音，使對手聽起來像是在以粗鄙或種族主義的語言發表不當言論。最新的深度造假技術甚至能變造影片，把對手擺在極為不恰當的位置，或使其看起來像是在和非常可疑的人士來往。

過去數年，我們學到一則特定的教訓：我們的個人數位資料可以被用來做更準確的政治訊息投放，其手段類似商品和服務的行銷。廣告科技（ad tech）可以用來從事政治廣告的投放，這種技術讓廣告商（和政黨）有能力透過消費者在網路上的搜尋、瀏覽、分享、按讚和花費紀錄，推斷其所好。

此現象導致的其中一項後果就是政治兩極化，對於關鍵議題抱持不同立場的族群，只會接收來自同溫層的資訊。政客只要瞭解搖擺選區內各個關鍵選民族群想要聽到什麼樣的訊息，就可以輕易向其中一個族群傳達一套訊息，又向另一個族群傳達另一套不同的訊息。民粹政客則扮演風向大師，跑在支持群眾的後方，觀察群眾想要的走向，然後衝到前方，大喊「跟著我」。提姆・柏內茲—李（Tim Berners-Lee）曾言：「目標式廣告讓競選團隊可以對不同的族群傳達截然不同的訊息，甚至是矛盾的訊息。這算是民主嗎？」[6]因此，網路不只是反映現實，更是形塑現實。

即使受到顛覆行動的影響，我們可能仍然堅信自己是自主的公民，行使著自由意志。同理，許多人堅信自己的消費行為完全處於自身意願，卻沒有意識到自己的消費行為其實受到時尚趨勢潛移默化的影響。今日，我們的抉擇、意見、選票，可能是有心人刻意透過操弄手段重塑主流論述的產物，企圖以不同的解釋改變我們的關注重點。我們必須接受，含有政治內容的社群媒體訊息是自由社會中現代民主輿論的一部份，但同時我們也必須掌握訊息的源頭，並瞭解俄羅斯和中國等專制國家以及心存惡意的極端團體，於何時使用這些技術來傷害我們。

因此，我建議各位重讀本章開篇所描述的情景，思考要如何防止這種事件在未來發生。這些事件發生的原因不一定如我所述，亦有可能是其他不同的因素產生強烈的情感，讓民粹政客有操弄的機會（有可能是氣候變遷的壓力——我有點不太敢提及，對移民的恐懼亦有可能是肇因，以及這種恐懼會產生什麼樣的政府）。

現代數位空間裡的顛覆和自體顛覆

本章的內容和前面的章節大有不同。本書前面討論的是國防、國安、情報世界裡我認為可以延伸應用於日常生活的的經驗。本章的不同之處在於國防、國安和情報的世界，現已透過網路進入我們的日常生活。我們無須推斷關聯；我們親身經歷。對於這種攻擊我們的網路活動，我喜歡用一個老詞來形容：顛覆。今日，國家如果要在海外推展自身利益，不再需要發動熱戰、謀劃政變、派遣刺客或煽動造反，而是利用目標國家真實的內部議題，並操弄民主程序，使其產生自己偏好的結果。

簡單而論，顛覆可說是外部勢力干預國內事務，透過強推政策變革或政權轉移來推翻既有秩序，以配合發動者的自身利益。顛覆算是一種由外而內的過程，一種外部對內部的威脅，通常都是某個國家從外部利用另一個國家的弱點，藉此影響該國政治內圈的輿論。這和恐怖主義、破壞行動或網路攻擊屬於不同的概念，雖然這些威嚇手段可能屬於顛覆行動的一部份。

顛覆和煽動叛亂亦屬不同的概念。煽動叛亂指的是國內異議份子煽動人民反抗政府，亦是政府自古以來的擔憂。顛覆和煽動叛亂亦有可能相互搭配：敵國利用目標國家內部的「僑胞」進行顛覆活動，同時「本土」的國內運動向海外尋求財務或軍事等支援，藉此煽動叛亂。冷戰時期，這類手段（俄語稱aktivinyye meropriatia）是蘇聯克格勃的專長，今日的俄羅斯情報機構則繼承了這項傳統。

本章的重點在於，現代數位空間為欲行顛覆和煽動叛亂的人提供嶄新又有效的手段。[7]他們可以透過數位手段暗中影響我們的政治。當這些行動來自民主世界之外，我們可以看清它們對民主國家自主性的威脅，可以看清它們在攻擊我們的價值。然而，這些行動亦有可能來自國內，我稱之為「自體顛覆」（auto-subversion），取自醫學名詞「自體中毒」（auto-intoxication）。

自體中毒指的是身體被體內產生的毒素所傷害。例如，我們對看起來與自己不同的人會有一種不自覺的恐懼，這種本能上的排外心理是人類物種演化的產物。這個病毒通常處於休眠狀態，受到免疫系統（也就是文明）所抑制。但免疫系統有時會失效，讓病毒活化並在國家內部從事毀滅性的活動。病毒的活化不一定是外國干預的結果，如果我們忽略國內助長極端主義的危險因子，病毒亦有可能活化。

因此，我們亦須防備國內政治、極端主義團體和特殊利益團體對於大眾的暗中數位操弄。最可怕的是，我們一直到近期的醜聞爆發後，才意識到暗中操弄的潛在能耐。例如，二〇一八年劍橋分析公司（Cambridge Analytica）遭爆料在未取得當事人同意之下，從臉書搜集數百萬人的個人資料，做為政治廣告投放之用。

我們縱容外部與自體顛覆活動持續威脅我們的社會和民主價值，部分原因是我們很享受目標式行銷。我們很喜歡按下搜尋就能找到心中想要的商品與服務；我們任意使用網路巨頭所提供的服務，因為這些服務很有用處（再加上使用時無須付費）。由於我們保障隱私權，我們忍受使用者在網路上保持匿名，因而助長網路酸民和網路霸凌等惡質的數位行為。儘管如此，我們無法採取總體觀點，看清趨勢的走向，體認這趟旅程對社會的長期影響。

你就是目標

今日，廣告商常態性使用我們網路活動和數位生活所產生的資料進行目標式行銷，藉由掌握個人的特質，對每個人投放適合的廣告。我們的瀏覽紀錄可能顯示我們喜歡水肺潛水，我們的線上購物紀錄洩露我們可能的可支配收入水準，所以在瀏覽網頁或網站的時候，可能會看見行銷廣告主打誘人的渡假方案，包括適合的地點、潛水裝備和潛水課程、機票特價等等。這些方案的費用經過巧妙的計算，只略高於我們預想中的花費。

本書第二章探討的貝氏推論，介紹如何在面對新證據時，使用這套科學方法調整對命題成立的信心。人工智慧演算法亦是用同樣的方法分析巨量的個人資料點，藉此有依據地推斷我們的喜好。這種迭代式的貝氏學習法可以產生非常強大的選擇演算法。今日，政黨和利益團體亦運用這種演算法，根據消費行為資料，找出關鍵搖擺選區內哪些選民最有可能接受個人化的行銷話術（或最不可能接受，藉此避免浪費精力在不容易說服的人身上）。

近期，政治圈出現一種令人擔憂的回饋迴圈。廣告科技所使用的個人資料，再加上傳統的民調資料，現今被用來把政治訊息本身以及政治訊息的傳達方式個人化，藉此盡可能取得特定族群的支持。在把訊息散佈給該族群之前，散布者就已知道該族群很有可能會接受此訊息。

傳統的競選使用傳單廣告、看板廣告、電視廣告和廣播廣告把訊息傳達給所有人，但如此一來政黨就比較無法做出區隔，以不同、甚至矛盾的訊息吸引不同的族群。今日，政黨可以把選民細分成不同的族群，並針對每個族群調整政治話術。設計政治訊息的人知道要說些什麼才能獲得最大的迴響，並運用科技搜集詳細的量性回饋（點擊率和停留時間等等），藉此持續對訊息進行微調。對於小鎮上工作不穩定、經濟拮据的選民，政黨投放的訊息可能帶有恐懼全球化、恐懼勞動力和資本自由流動的感性訊息；對於都市裡教育程度高的年輕選民，政黨可能會表示政府去規管化將會帶來更多的機會。兩則訊息的政治意涵毋須相符。

極精準的政治訊息投放，只是廣告科技形塑社群媒體運作的其中一種方法，讓使用者接收符合個人特質的資訊。[8]使用者可以設定新聞動態（就連英國國家廣播公司的新聞應用程式亦然），令其優先顯示自己有興趣的主題。與此同時，使用者的設定也會被控制社群媒體上其他資訊的演算法偵測到，進而產生一種充滿據推測符合使用者世界觀的過濾氣泡，並構築一個只有觀念相同的人在互相交流的同溫層。

圖謀惡意或意圖顛覆的人可能會操弄這種效應，藉此助長既有的偏見並深化誤解。因此，社會恐怕會更加分化，被撕裂成一個個只關心自己的族群，殊不知自己接收的資訊已經過篩選，以迎合他們的好惡。這些族群（美國的政黨包含在內）並沒有什麼互相溝通或分享資訊的誘因。

切記，我們大家都是目標。因此，我們應運用SEES系統性分析深入瞭解我們所面對的數位威脅。

SEES分析第一階段：狀況認知

若要瞭解數位資訊行動的能耐，可以從前聯邦調查局長羅伯特．穆勒（Robert Mueller）引據確實、鉅細靡遺的報告開始。穆勒擔任司法部的特別檢察官，針對俄羅斯干預二〇一六年美國總統大選一事進行調查並撰寫報告。九一一事件後，我出任英國安全和情報協調官，期間結識了穆勒。根據個人經驗，穆勒為人剛正不阿。

他的調查挖掘出令人不安的事情：俄羅斯採取干預行動，而且在未來其他勢力也有可能採取同樣的作為。俄羅斯在若干陣線從事具有敵意的行動。先是在社群媒體上散布攻擊希拉蕊・克林頓（她獲得民主黨提名前，攻擊就開始了）的資訊，接著散布支持唐納・川普的資訊。這些宣傳行動大多是聖彼得堡的「網路研究社」（Internet Research Agency）所為。俄羅斯軍事情報局（總參謀部情報總局，簡稱「格烏」，俗稱「格魯烏」）駭入電子郵件帳戶，把竊取到的電子郵件當成武器使用。格魯烏亦透過網路入侵美國的選舉投票系統。此外，俄羅斯還透過非官方的情報方面的中間人與川普競選團隊勾結。[9]

攻擊行動的準備工作，從二〇一四年就於美國境內展開。攻擊者在臉書、YouTube和推特等社群媒體上（後來擴及至Tumblr和Instagram），從事偵蒐工作並建立基礎架構。[10]網路研究社一名前僱員曾說：「我們的目標不是讓美國人民喜歡俄羅斯，而是讓美國人民反對自己的政府：煽動騷亂、散布不滿。」因此，網軍接受相關的訓練，深入瞭解稅賦、LGBT權利和槍枝管制等諸多美國常見的社會辯論主題。[11]

網路研究社的網軍假扮美國倡議人士，透過假社群媒體帳號和假社團專頁吸引美國選民。網路研究社的臉書和Instagram帳號擁有數十萬美國追隨者。這些帳號專門討論引發分化的社會與政治議題，包括移民議題（例如在臉書上建立一個名為「安全邊界」[Secured Borders]的社團）和種族衝突（例如建立「Black Matters」、「Blacktrivist」、「Don't Shoot Us」等社團）。攻擊者的目標不是要提倡某種意識形態觀點，而是播下分歧的種子，加劇社會的分化，因此他們經常為正反雙方各自發表支持言論）。

二〇一六年初，競選活動正式展開時，俄羅斯透過使用美國人的名字和冠上美式名稱的組織，將政治廣告引入美國。這些假身份和假組織宣稱自己參與草根政治，先是攻訐希拉蕊·克林頓，接著支持唐納·川普。其中一個案例就是@TEN_GOP這個推特帳號，該帳號宣稱和田納西州的共和黨團有關係。美國境內出現數十場政治集會，參與者完全沒有意識到自己遭到俄羅斯的操弄；川普競選團隊中負責安排造勢集會時間和場地的在地官員，似乎也毫不知情。

俄羅斯干預行動的規模之大，到了選舉落幕前，俄羅斯網路研究社可以透過社群媒體帳號觸及數百萬美國選民。臉書進行的事後調查發現，二〇一五年一月至二〇一七年八月間，四七〇支由俄羅斯控制的帳號共發表八萬張貼文。推特亦發現有三八一四支俄羅斯控制的帳號，觸及人數約達一四〇萬人。俄羅斯建置機器人帳號網路，自動散布推特訊息。俄羅斯網路研究社總計在臉書上付費刊登三五〇〇則政治廣告，其中一則把柯林頓的照片配上說明文字：「如果有朝一日神讓這個騙子入主白宮成為總統，那天將是真正的國難」。除了反柯林頓以外，俄羅斯的干預行動亦開始挺川普。俄羅斯控制的Instagram帳號「Tea Party News」甚至刊登廣告，請美國人協助他們「上傳帶有#KIDS4TRUMP標籤的照片，組成愛國又年輕的挺川團隊」。

俄羅斯社群媒體干預行動於美國展開的同時，兩支格魯烏專業網路攻擊者正駭入柯林頓競選團隊使用的網路，包括民主黨國會競選委員會（Democratic Congressional Campaign）和民主黨全國委員會（Democratic National Committee，簡稱DNC）的網路。駭客入侵柯林頓競選團隊志工和員工的電子郵件帳戶並竊取文件，連競選團隊主任約翰．波德斯塔（John Podesta）的帳戶也被入侵，數十萬份文件遭到竊取。

總統大選選戰於二〇一六年夏達到高峰，格魯烏開始透過網路上的假身份釋出先前竊取的文件。他們特地創建這些假身份來掩護自己的真實身份（有一個名叫「Guccifer 2」的網站假裝一切皆是一名羅馬尼亞個人駭客所為；「DC Leaks」這個網站則根據受害者對外洩資料的分類為記者提供索引）。維基解密更是釋出更多電子郵件，促使川普發表惡名昭彰的言論，公開評論柯林頓使用私人電郵伺服器的行為：「俄羅斯，如果你們在聽的話，我希望你們可以找出那三萬封遭到刪除的電郵。我想我們的媒體會重賞你們。」然而，時任中情局長麥克．龐培歐（Mike Pompeo）後來卻表示，他認為維基解密是一間敵對情報機構，其言其行皆展現情報機構的特質。川普發表此番言論後不出五小時，格魯烏便首次對柯林頓的個人辦公室發動網路攻擊。俄羅斯人的確在聆聽。

格魯烏尚有第三個干預策略：駭入民主黨全國委員會的單位，亦使用魚叉式釣魚電郵入侵各州選舉委員會、政府部會首長和美國企業的電腦，其中遭到入侵的美國企業都是二〇一六年總統大選行政方面的軟體和科技供應商。如此一來，俄羅斯便可能有能力入侵美國的選民登記軟體和電子投票所，尤其是搖擺州的系統。如果柯林頓勝選，系統遭到滲透的事情就可以被爆出來，做為提起當選無效之訴的依據，使柯林頓執政的前一百日蒙上陰影。

俄羅斯干預美國大選的最後一種方法，是讓川普競選團隊官員接觸與俄羅斯政府有關係的人士。這些人士為競選提供協助，並邀請川普競選團隊的官員訪俄。川普競選團隊認為俄羅斯的協助對他們的選情有利，因為俄羅斯可用匿名方式釋出遭到竊取的電郵，藉此為川普團隊提供「泥巴」——也就是可用於傷害柯林頓的素材。為了換取回報，一名俄方人士請川普競選團隊負責人保羅・馬納福特（Paul Manafort）向川普提出俄方針對烏克蘭制定的和平計劃，這份計劃將鞏固俄羅斯對東烏克蘭的控制。接著，馬納福特把內部民調資料分享給俄羅斯。後來穆勒的調查發現，若干與川普競選團隊有關的人士曾經撒謊並刪除相關的通聯紀錄，以掩蓋接觸的程度。

其中一個惡劣的案例突顯謠言在社群媒體上多麼容易散布：「比薩門」陰謀論。[12]有一天，社群媒體上開始謠傳民主黨外洩的電郵含有加密訊息，內容顯示希拉蕊・柯林頓身邊的一名同事涉嫌參與一個從事兒童色情和虐待的秘密集團，該集團的成員是民主黨高層人士，專門在一間披薩店的地下室虐童。這則謠言在社群媒體上爆紅。想當然耳，有人指控「深層政府」掩蓋此事。有人把柯林頓的照片並排或疊加在披薩店等其他照片上，並透過社群媒體廣為流傳，意圖使柯林頓牽連致罪。另類右派的川普支持者亦火上加油，在推特等社群媒體上發布關於這起指控的貼文。

隨著貼文量暴增，指控的可信度似乎跟著增加，但這則指控徹頭徹尾都是空穴來風，憑空杜撰。這起事件差點釀成悲劇，更是突顯社群媒體傳聞的力量：一名男子持槍闖入披薩店，企圖營救傳聞中的受虐兒童，但那間披薩店根本沒有地下室，更沒有受虐兒童等待營救。

比薩門事件的教訓就是，如果一則傳聞受到各種新聞媒體、部落格或其他社群媒體的重複報導，讀者就會產生一種熟悉感，使傳聞看起來更為可信。即使謠言遭到破除，這種熟悉感依然留存。同一則謠言可以一再復活，作為宣傳之用。例如，俄羅斯網路新聞媒體「俄羅斯新聞社」（Novosti）在一年後的二〇一七年九月，以一則關於美國虐童案的報導做為引言，再次提及披薩門事件。該報導的結語如下：

順道一提，絕大多數的被告皆為美國民主黨的支持者。謹在此回顧：就在去年底，「比薩門」醜聞讓全美人民發出怒吼。根據這則理論，希拉蕊．柯林頓（當時是總統候選人）的陣營藏有影響力龐大的戀童組織，總部位於都會區的一間比薩店，故得此名。當初，主流媒體急於嘲諷和忘卻此傳聞。現在，有鑑於新資料揭露民主黨市長的秘密生活，我們應更加嚴肅看待這則理論。[13]

二〇一七年法國總統大選期間，俄羅斯亦使用同樣的伎倆企圖影響法國政治。

就在法國總統大選投票日前夕，有人在一個匿名檔案分享網站上傳大量遭竊資料，其中包括總統候選人艾曼紐．馬克宏所屬之共和前進黨的私人電郵。[14]但這次駭客似乎從美國總統大選的經驗中學到，民眾對於熟人之間電郵裡的輕率言論已經感到麻痺，因此駭客將若干電子郵件變造後再釋出，抹黑對方選舉舞弊和逃漏稅。由此可見，如果駭客能竊取電郵或文件，他們亦能輕易地對這些素材加油添醋。

馬克宏受到的衝擊比較小，因為競選團隊馬上宣布遭駭客入侵，並公開聲明有些釋出的電郵經過假造。但也有可能是因為法國民眾沒有像美國人一樣那麼網路成癮，比較不容易受到網路操弄的影響。

為了顛覆法國，俄羅斯亦於網路上散布黑色宣傳，謊稱馬克宏競選團隊接受沙烏地啊拉伯的秘密資助，甚至還謠傳馬克宏本人發生可恥的婚外情。俄羅斯為比利時大報《Le Soir》建置假網站並發布報導。這種手段其實不足為奇。黑色宣傳這種經典手段已行之有年，本書第七章提到的季諾維耶夫信件就屬於黑色宣傳，在網路上散布假造文件不過就是現代版的黑色宣傳。

現在我們也有可靠的資訊說明俄羅斯針對歐洲進行的造謠行動，藉此改變歐洲民眾對烏克蘭衝突的看法。歐盟設有一個小單位負責監測造謠行動，他們發現這些謠言有若干常見主題：烏克蘭將受邀加入歐盟和北約；馬來西亞航空MH17班機擊落事件的元兇是烏克蘭；基輔政府有法西斯主義的蹤跡；COVID-19是美國暗中對中國發動的生物戰爭；北約正計劃入侵俄羅斯。[15] 德國也是俄羅斯持續造謠行動的目標，例如扭曲德國總理安潔拉．梅克爾（Angela Merkel）的政策，藉此煽動陰謀論思維，使民眾害怕穆斯林移民對傳統德國社會的衝擊。如本書第六章所述，這種謠言即便能破除，也難以根除。

SEES分析模型的第一步驟為我們建立狀況認知。我們評估各種資訊來源，包括對網路進行明智的搜尋。有些來源比較可靠，有些來源比較不可靠。遇到匿名或二手的報導或傳聞時，一定要謹慎以對。SEES模型提醒我們，情報總是殘缺、零碎，有時甚至錯誤。儘管如此，如本書第一章所述，如果謹慎運用貝氏推論法，我們便能根據現有資訊盡可能瞭解狀況。在數位領域裡，我們發現欺騙行動、惡意行為和顛覆活動非常猖獗，令人擔憂。有些行動的目標就是我們。

SEES分析第二階段：解釋

俄羅斯最晚於二〇一四年就計劃干預美國二〇一六年的總統大選。最有可能成立的解釋如下：俄羅斯刻意阻止希拉蕊．柯林頓當選美國總統，因為據知她制裁俄羅斯的立場強硬（柯林頓的政見與我們所知的川普競選團隊的政見截然不同）。對於柯林頓過往紀錄和人格的攻擊可能經過精心設計，目的是說服柯林頓民主黨初選的競爭對手伯尼・桑德斯（Bernie Sanders）的支持者不要出來投票，而非說服尚未決定的選民投給川普。這就是一套意志堅決、多管齊下的造謠和惡意資訊行動，旨在協助川普勝選。

俄羅斯在法國的目標似乎是拖緩馬克宏的競選，並提升極右派參選人瑪琳・勒朋（Marine Le Pen）的得票數，讓她進入第二輪投票（結果也的確如此）。法國極右派、德國另類選擇黨（Alternative für Deutschland）和其他歐洲民粹主義政黨在選戰中表現亮眼，俄羅斯就會覺得風險降低，因為歐盟可能就比較無法壯大勢力並挑戰俄羅斯在烏克蘭殘存的影響力，或甚至考慮更進一步擴大歐盟。

我們還可以學到另一則教訓。諸如干預美國大選等隱蔽資訊行動，可以用來精準操控民眾對個人、政黨或政策的態度。俄羅斯領導階層似乎認為，削減民眾對傳統西方民主政治秩序的信心對他們有利，因此他們的宣傳和造謠行動同時支持極左派和極右派，同時支持極端自由意志主義和極端高壓主義。這些觀點都是為了煽動不滿情緒和社會動盪，共同的主題就是削弱民眾對民主政府的信心和信任。穆勒曾寫道：「網路研究社從事社群媒體行動，以廣大的美國人民為目標受眾，目的是在美國的政治體制中挑撥離間。」[16]

這產生一個危害更大的威脅。現在我們面對許多狀況，例如俄羅斯介入敘利亞和烏克蘭衝突。找到狀況背後的真相很重要，但我們被各種不同的解釋和矛盾的論述所淹沒。過去數年的造謠行動多半是在散布謠言，而非提出有說服力的論述。例如，支持柯姆林宮的俄羅斯媒體，宣稱法國用來對付「黃背心」抗議人士的催淚彈可能含有氰化物；他們預期謠言會受傳統媒體的報導，並在社群媒體上廣為流傳。這種傳聞的目標是削減信心，找到民粹議題中的裂縫，然後把裂縫撐開。

對於俄羅斯更廣範圍的欺騙行動，我們有兩條互補的解釋。第一是戰略。由於俄羅斯積弱不振（經濟和人口方面），我們應預期俄羅斯想佔有和前蘇聯一樣的國際地位。俄羅斯會認為美國所領導的北約（尤其在波羅的海三國加入後）和歐盟及歐盟成員國正在阻礙其野心，甚至在俄羅斯邊境的國家建立足夠的影響力。尤其因為歐盟支持就俄羅斯在烏克蘭的行為做制裁，所以莫斯科會為了自己的利益而暗中散布掀起政治鬥爭的傳聞，煽動左右兩派對民粹右派的恐懼，藉此加劇歐盟內部的緊張關係。這種策略對莫斯科而言非常有用，可以分散歐洲領導人的注意力，使其疲於應付國內問題。

第二條解釋反映俄羅斯當局的戰術思維：俄羅斯某些作為正遭受國際撻伐，因此俄羅斯想轉移各國的注意力。某些事件發生後，俄羅斯媒體和社群媒體上就會開始流傳一些傳聞，目的是使西方民眾對各種資訊的真偽疑神疑鬼，最終因而放棄找尋真相。有一個很恐怖的案例：二〇一八年，俄羅斯軍事情報機構格魯烏的特務，企圖在英格蘭教堂小鎮索爾茲伯里謀殺前格魯烏情報官和軍情六處特務謝爾蓋・斯克里帕爾及其女兒茱莉亞，結果導致一名無辜的旁人唐・史特格斯（Dawn Sturgess）死亡。事後，俄羅斯企圖掩蓋事實，俄羅斯國營媒體和網路宣傳機器開始發動反擊，藉由散布假新聞來分散注意力、迷惑民眾，並否認涉入案件，發出反指控，散布「另類事實」來提倡陰謀論，藉此讓大家覺得不可能找到真相。[17]

對於新聞媒體報導索爾茲伯里謀殺事件，普丁總統最初公開否認俄羅斯涉案，同時語帶威脅地說：「如果是軍事等級的特務，他們當場就會斃命。」此前，普丁曾向國營電視台表示，叛徒將會「翹辮子」，並被他們的「銀錢給噎死」。俄羅斯外交部長謝爾蓋・拉夫羅夫（Sergei Lavrov）亦表達同樣的論述，說這起對斯克里帕爾父女的攻擊手法粗糙，而如果手法細膩的話，目標必定會當場死亡。接著，俄羅斯官員和國營媒體接連宣稱諾維喬克神經毒氣（novichok）從來就不存在，然後又告訴媒體諾維喬克是蘇聯時期留下來的，但存貨現已遭銷毀，最後又稱存貨流入瑞典、捷克共和國、斯洛伐克或美國（據說是為了破壞世界的穩定）。

俄羅斯的反擊手法通常是宣稱自己被西方國家迫害，藉此推卸責任。這次，俄羅斯發言人主動出擊，批評英國膽敢主張俄羅斯涉案，指控德蕾莎·梅伊（Theresa May）和英國秘密機構圖謀傷害俄羅斯的國際形象。

由於俄羅斯在英國本土使用神經毒氣，許多政府決定把大量俄羅斯情報官驅逐出境。此時，莫斯科媒體又開始散佈傳聞，宣稱斯克里帕爾是用藥過量（據說他對諾維喬克成癮）、他自殺未遂（據信還企圖帶著女兒一起走），或稱伊凡四世當年即遭英國毒害，本次謀殺行動正是為了報仇，或稱英國才是謀殺行動的主使者，因為英國想要嫁禍給俄羅斯，藉此讓世界杯足球賽蒙上陰影。攻擊發生地點索爾茲伯里是距離英國國防研究機構「波頓當」（Porton Down）最近的火車站，而當初也是波頓當發現攻擊用的神經毒氣是諾維喬克。可想而知，俄羅斯把這個巧合變質成陰謀論，宣稱英國國防部製造的神經毒氣流出實驗室，飄入索爾茲伯里（然後湊巧流向斯克里帕爾父女的所在處）。

莫斯科的拉夫羅夫主張英國情報特務有可能涉案，藉此轉移大眾對英國脫歐的注意力。他表示這起攻擊事件「符合英國特種部隊的利益，據知他們擁有殺人執照」。與此同時，俄羅斯駐倫敦大使館宣稱英國自己也持有諾維喬克，並質疑為何索爾茲伯里湊巧擁有諾維喬克的解藥（事實查核：諾維喬克這種先進的神經毒氣並無解藥，用來治療患者的藥物叫做阿托品[atropine]，它被世界衛生組織列為醫療體系必備的有效且安全藥物，用以治療殺蟲劑中毒和心跳過緩等病症）。

最惡質的是，俄羅斯駐倫敦大使館還透過推特帳號發布諷刺訊息，其中一條是一張偵探小說家阿嘉莎・克莉絲蒂（Agatha Christie）筆下著名的比利時偵探赫丘勒・白羅（Hercule Poirot）的劇照，並搭配文字說明：「由於缺乏證據，索爾茲伯里亟需一名白羅。」

透過狀況認知掌握事實後，我們使用SEES模型的第二階段為事實加上因果關係，藉此解釋眼前所見之事背後的原因。我們知道事實本身可能沒有清楚的意義，因此我們必須將事實和可靠的解釋論述做連結。我們在網路上看到的惡意活動多半是俄羅斯針對西方民主國家採取的行動。羅伯特・穆勒揭露堅強的證據證明有人刻意介入二〇一六年美國總統大選。測試替代假說後，他認定最可信的解釋就是俄羅斯刻意阻止希拉蕊・柯林頓成為美國總統，並支持唐納・川普當選，因為川普最符合俄羅斯的利益。

SEES分析第三階段：評估與預測

運用SEES分析第三階段評估欺騙行動的威脅如何演化時，我們必須切記，俄羅斯並非唯一從事數位資訊行動的國家。俄羅斯的數位顛覆活動廣受報導，因此其他國家和極端團體不免會有樣學樣。我們看到所謂的「伊斯蘭國」在全盛時期運用精心策劃的社群媒體溝通策略向歐洲、北美、大洋洲等地的年輕穆斯林提倡全球起義。伊斯蘭國使用現代廣告技巧招募成員，並以伊斯蘭教法為基礎建立一個哈里發國。

未來，其他團體將把數位媒介當作犯罪手法，因此後續數年將會出現更大量、更多元的資訊行動攻擊我們的利益。這股趨勢背後有三項因素：投機、網路基礎架構的弱點、網路使用者的弱點。

投機

如果一個社會持續為其他國家或敵對團體等對手提供誘人的機會，使其有推展自身利益的利基，這些對手通常不會不把握機會。例如，英國脫歐運動並非俄羅斯所發起。如果你認為是俄羅斯發起，你就落入本書第六章所述的「深層陰謀」陷阱，變得和中情局的安格頓和軍情五處的彼得．萊特一樣妄想。但當削弱歐盟政治凝聚力的機會出現，俄羅斯必定會想辦法利用這個機會，無論是透過暗中資助、影響力特工，還是利用「有用的白痴」（今日更可能使用社群媒體貼文和酸文）。同理，法國的勒龐現象和德國總理梅克爾的移民政策，是俄羅斯製造困難和推展自身目標的契機。未來，國家或非國家行為者，皆有可能在自己的勢力範圍內採取同樣的作為。

網路基礎架構的弱點

如稍早所述，日常生活的數位化產生許多可以被利用的弱點。複雜的數位應用程式需要複雜的電腦程式碼來運作，因此很有可能發生人為失誤，導致駭客有機可乘。

網際網路和全球資訊網的基礎協定在設計時並沒有考量到安全性，這些協定的原始目的是為美國西岸少數受信任的國防研究機構和大學科系建立通訊連結。現在的網際網路，起初不是為了全球四十億網路網民所設計。

使用者架設網站或在社群媒體上張貼資訊或意見前，毋須經過身分查核（至少像在銀行開戶那樣證明根源身分），一個人可擁有多重身份。俄羅斯網路研究社雇用的年輕人就是如此，他們假裝自己是對種族、移民會政治有強烈意見的美國公民。網路通訊或交易毋須驗證使用者的真實身分，導致酸民盛行。如同本書第一章所述，「暗網」更是一種匿名的化外之地，流傳著煽動暴力和種族仇恨的非法資訊。

我們的供電和通訊等核心基礎架構愈來愈容易受到網路攻擊，成為威嚇與勒索的依據。例如，俄羅斯於二〇一七年駭入基輔的電網並暫時切斷基輔的供電，此舉似乎不是為了對供電系統造成實質傷害，而是利用斷電彰顯烏克蘭受到俄羅斯實力所把持，並對烏克蘭政府推動民營化的政策表示不滿。由於俄羅斯重要人物在這些民營化的企業中持有重大利益，俄羅斯政府此舉是為了保障他們的利益。電腦攻擊日益成為顛覆的手段。

網路使用者的弱點

每個人都有不同的弱點。這是因為網路的商業模式是提供免費服務於當下當地，並藉由廣告科技提供的數位廣告獲得營收。這些服務的連結性為我們帶來實質利益，因此我們願意吞下一切疑慮，不管個人資訊是否因此遭到搜集，包括關於網路使用習慣的個人資訊（通常是使用者默示同意資料搜集，而非簽署載明特定用途的明文協議）。這些個人資訊是個人化行銷產品和政治觀點的必要原料。我們透過網路獲取關於旅行、商業服務、在地服務和中央政府服務的資訊，並愈來愈將其視為理所當然，更是使網路成為日常社會互動的首選媒介。

本書稍早提及，二〇一六年大選期間，推特等平台使假資訊很容易就分享或傾倒給同溫層。我們看到的推文皆來自我們選擇追蹤的帳號，而追蹤我們的帳號的人也會看到這些推文。這已成為平台使用者的第二本能，我們卻不完全瞭解其意涵。今日，川普總統一發布推文，數千追蹤者就會馬上轉推，使近乎所有他想觸及的受眾都立即看到推文。我們發現，轉推的帳號背後不一定是執行獨立決策的個人，亦有可能是自動分享內容的機器人。二〇一六年美國總統大選期間，俄羅斯就大量使用機器人散佈資訊。

假資訊的散布速度亦有可能高於真實資訊，尤其是生動、爭議或甚至淫穢的假資訊。東尼·布萊爾曾言：「影響力是最重要的。影響力使故事脫穎而出，使故事超脫影響力，使故事獲得關注。影響力產生競爭力。當然，故事的準確性也很重要，但其重要性經常亞於影響力。」[18]比起反映現實但錯綜複雜的真實資訊，引人入勝而淺顯易懂的虛構故事更能激發民眾的熱情。

廣告科技費盡心思提升消費者轉換率，企圖把購買慾望轉換成購買後的滿足感，這更是放大了我們的個人弱點。網路公司盡力簡化購買或回應的步驟，使過程愈簡單愈好，目的是盡可能減少按下購買鍵之前的反思時間。如果預先提供信用卡資訊，消費者只需按下「現在購買」按鍵，就可以完成購買程序。

對於商品的購買，消費者保護法設置安全網，讓消費者可以取消訂單、修改訂單或退貨，但政治訊息沒有這樣的緩衝機制。線上請願書就是這種「快思」的資訊消化模式（在此引用丹尼爾·康納曼[Daniel Kahneman]對於「快思」和「慢想」的區隔）。[19]廣告科技的設計促使我們做出帶來即時滿足的決定——包括發表意見後得到的滿足感——並壓抑平常會令我們停下來真切思考的社會和文化線索。

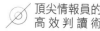

二〇一七年一月十日，歐巴馬總統回到芝加哥時，在告別演說中描述這個悲慘的前景：

太多人覺得躲在同溫層裡比較安全。同溫層可以是社區、大學校園、敬拜場所、社群媒體動態。同溫層裡都是和我們外表相似、政治觀念相同的人，他們從不挑戰我們的既有假設。大家只看黨派不問是非，經濟分隔和地域分隔愈發嚴重，媒體破碎成不同的頻道以滿足各種不同的胃口……我們安於躲在同溫層裡，不再根據外在資訊形塑意見，只願接收符合己見的資訊，無論資訊的真假。[20]

SEES分析模型的第三階段使用解釋論述，包括涉事人士的動機，評估事態最可能的發展方向。這些評估結果的基礎是解釋模型中的因果關係，以及我們對哪些因素可以忽略和哪些因素不會影響結果所做的假設。評估結果當然不可能完全確鑿，而且會涵蓋若干發生機率低但後果嚴重的發展。

根據此階段的預測，網路上的惡意活動將會持續增加，因為更多國家和非國家行為者體認到，透過數位操弄可以推展自己的利益。這股趨勢背後有三項因素：更多對手利用網路帶來的機會、網路生活與身俱來就容易受欺騙之害、網路使用者容易受線上操弄。

SEES模型第四階段：戰略性關注

SEES分析的第四階段中，我們把目光延伸至地平線以外，找尋會對我們造成威脅挑戰（或為我們帶來機會）的可能發展。我們可以使用戰略性關注決定是否要花費心力提防這些發展，並留意這些發展的最初跡象。我們有信心地預測，網路使用者的人數將持續快速增加，因此會受數位手段影響的人數亦會大幅增長。全球南方將會是最大的成長來源。網路將會加速社會和經濟的發展，全球南方的國家毋須歷經工業革命早期那種緩慢且污染嚴重的階段。即使這些國家缺乏諸多傳統的基礎建設，推進在地市場和社會體制的網路應用仍潛力無窮。

網路賦予人查找知識的能力，藉此弭平不平等。無論年紀、無論地區，學生只要有網路，就能修習最傑出的教師教授的線上課程，接觸從前只有特權階級才享有的豐富圖書資源。如果發生自然災害，網路將提供工具讓我們瞭解並評估需要採取什麼樣的措施，讓我們妥善引導社會的支援，讓我們有一個可以推廣社會團結的平台，連結災區內外的人民。

不幸的是，這些趨勢亦有可能產生更多存心欺騙或妖言惑眾的惡意行為者，或透過社會行為行騙的犯罪行為。隨著未來「量化生活」（quantified self，指的是我們使用更先進的健康手環、心律監測儀和使用個人資料的行動應用程式）、「智慧居家」（搭載音控喇叭、連網門鎖、連網供暖、連網玩具的居家）和未來「智慧城市」（電網、交通號誌系統、辦公室、自駕車等仰賴5G網路的創新科技）的興起，可利用或篡改的資料量將會大增。

威權政府愈來愈害怕網路帶來的自由化效應，所以這些政府會一直想以國界切割網路；中俄兩國的政府就是如此，未來更多國家亦會跟進。西岸的網路先驅當初制定協定時，對網際網路抱持著一種全球性的願景，但威權政府的作為將粉碎這份願景。這種限制知識和貿易散播的行為，將降低網路帶來的價值。

如本書第三章所提，一九六八年的布拉格之春最終以血腥鎮壓收場。小說家米蘭・昆德拉（Milan Kundera）以布拉格之春為時空背景，撰寫小說《生命中不能承受之輕》（The Unbearable Lightness of Being）。小說中，有一名攝影師拍攝示威者的照片，希望能啟發更多人加入抗議的行列。她很高興能為社會變遷盡一份心力，但在接下來的鎮壓期間，她拍攝的照片卻被當局用來辨認參與抗議的人士，許多人因而遭到監禁和虐待。今日，全球許多高壓政權為了這種用途而取得並濫用最先進的網路監控科技，產生所謂的「大規模監控武器」（weapons of mass control，簡稱WMC）。[21]

政治界向來存在民粹主義。從前的民粹主義領導人運用小冊子、報紙和傳統電視露面等媒介做宣傳。但今日，社群媒體才是更為高效的媒介，因為社群媒體將觸及全球人口，成為一種固著的社會互動來源。社群媒體賦予領導人一種直接和「人民」進行真實接觸的感覺。如果和代議民主制度僵化死板的架構和程序做比較，這種社群媒體互動的影響更是變得強大。傳統的政治人物將在人民眼中成為老舊體制的俘虜。

蠱惑民心的政治人物喜歡把一切簡化而論。我們不只會接收到假新聞，更是會聽到所謂「社會影響者」散布的假歷史和偽科學。YouTube等平台上諸多影像部落客已建立龐大的粉絲社群。他們以影片日記記錄生活中的分分秒秒，分享他們心中最新的時尚潮流——但他們也有可能藉機自己對當下時事的即時看法。Youtube鼓勵這種做法。一旦訂閱者超過一千人，觀看影片時數超過四千小時，影片內容創作者（影像部落客）就有資格參與YouTube的夥伴計劃，從影片廣告獲得少量抽成。[22]和電視或報紙等傳統媒體的閱聽人比起來，追蹤這類影像部落客的人自認為活躍、冒險、迅速。不像傳統媒體的內容創作者，這些影像部落客只要能吸引關注，就算他們宣稱地球是平的，也能從社群媒體平台拿錢。

未來會有愈來愈多用來捏造和假造資訊的數位科技，讓人做到設想中的效果。有人可能會發現自己出現在變造的醜聞照片中。聲音亦可輕易變造。二〇一九年，眾議院發言人南希・佩洛西（Nancy Pelosi）出現在一支影片中，她的聲音遭到電子變造，聽起來像喝酒喝到酩酊大醉。這支影片上傳後就爆紅，吸引數百萬人次觀看。

影片剪輯科技已進展到（所謂的「深度造假」技術）可以不著痕跡地變造政治領導人的現有影片並加上音訊，使他們說出與他們觀念相反的話，或承認從事不端正或不名譽的行為。[23]最新的高階人工智慧文字產生器可以生成符合原始語料風格的內容，杜撰出完全合理、難以和真正新聞報導區分的文章。[24]未來，恐怕可由電腦產生不實但非常合理的資訊，並透過各種來源使資訊淹沒網路世界。

SEES分析模型的第四階段為我們建立戰略性警示。未來的數位創造技術將為社會產生重大價值，同時亦有能力促成有害的發展。今日我們唯一能確信的是，如果民主社會不想盡辦法瞭解這些威脅並建立對抗威脅的韌性，我們將無法阻止它們對我們自己和民主社會造成巨大麻煩。

結論：數位化的顛覆和煽動

本章探討數位威脅。我把本章做為本書末尾是有原因的。第一，本書第一部介紹如何運用SEES情報分析模型這種結構式的思維方法瞭解混亂的世界。剛才我們亦使用此模型分析數位資訊的威脅。各位學到如何建立狀況認知以掌握周遭的情勢，如何解釋眼前所見背後的原因，如何評估並預測事件的未來發展，如何運用戰略性關注掌握地平線以外可能會有什麼事件等著我們。第二部則探討若干課題，教導各位理解大家在思考的時候都難免經歷的無意識偏誤，討論如何避免陷入偏執和陰謀論的思維，如何辨認針對我們的操弄、造假和欺騙行動。第三部則說明，為了明智管理我們的未來，大家皆應以信任為基礎，和我們交涉的對象建立有效、有益的夥伴關係。如果你採納這九個章節探討的課題，我相信你現在就像情報官一樣有能力瞭解網路上的顛覆和煽動。

自古以來，政府的權威就面臨顛覆和煽動的挑戰。從事顛覆和煽動的人背後的動機始終如一，但隨著數位科技尤其是網路的降臨，其手段已徹底改變。數位顛覆正威脅著我們。我們注意到，除非我們現在就開始做好準備，否則資訊戰能力的持續發展，將對我們造成更大的傷害。

對於威脅代議民主制度本身的發展，我們已建立戰略性關注，但我們的數位生活可能會不知不覺地對民主體制造成兩個更為深層的後果。我對此非常擔心，所以本書終章將大篇幅詳加探討這些後果。第一個後果：我們沈浸於數位世界中，長期下來可能會對我們的社交生活產生持久的心理效應。第二個後果源於第一個後果：如果數位科技對個體人類行為的影響符合最悲觀的預測，這將對維持健康民主制度造成重大威脅。

根據本書探討的課題，我們至少應秉持以下原則：

- 瞭解俄羅斯對二〇一六年美國和法國大選採取的暗中干預行動，藉此掌握數位顛覆的各種面向。
- 切記，假網站和機器人有可能被用來暗中散布訊息。
- 瞭解廣告科技的技術如何被用來精確投放政治訊息。
- 體認到具有敵意的數位訊息散布可能加劇社會分裂。
- 做好準備，提防未來更多國家和極端團體運用數位顛覆手段傷害我們，藉此推展自身利益。
- 注意深度造假科技普及的跡象。

- 匿名散布政治訊息和其他訊息可能造成危險，請支持科技公司控管這類危險的努力。
- 提升日常生活中的網路安全，藉此減少個人弱點。

本書的終章將以審慎樂觀的態度結尾，因為我堅信我們可以妥善運用本書各章所探討的國安和情報界的經驗教訓，如以下簡略摘述：

第一課：我們對世界的瞭解總是零碎、殘缺，有時甚至錯誤。
第二課：事實必須經過解釋。
第三課：建立解釋模型，充分搜集資料，才能進行預測。
第四課：不被意外所驚訝。
第五課：我們最有可能被自己心中的魔鬼所誤導。
第六課：人人皆有可能出現偏執妄想。
第七課：眼見不足以為憑：提防操弄、欺騙與造假。
第八課：站在對方的角度思考。

第九課：信用可以打造長久的夥伴關係。

第十課：顛覆和煽動的手段已數位化。

第 4 部

鑑古觀今知未來的一堂課

第11章

最後一課：樂觀以對

本章是這本書的終章，目的是運用本書探討的課題說明我們要如何提升韌性，對抗仰賴網路和暴露於數位科技所帶來的威脅。首先，我想探討數位世界對我們社交生活的產生的長期心理影響。接著，我將討論此現象導致的後果：如果數位科技對個體人類行為的影響符合最悲觀的預測，這將對維持健康民主制度造成重大威脅。我希望本章是樂觀的一課。我們預先知道、預先戒備，在享受數位生活帶來的利益的同時，控管伴隨而來的風險。

瞭解「自願幻覺」的誘惑

科幻小說家威廉・吉布森（William Gibson）發明「cyberspace」一詞之前，把網路空間稱為

「自願幻覺」（consensual hallucination）。[1] 如同所有強效毒品，網路空間、電腦遊戲、社群媒體亦有可能使我們成癮。久而久之，我們大腦中感知愉悅的神經迴路已經改變。在這種沈浸式的環境裡，我們失去對時間的感覺。如果無法隨時連網，我們就會感到焦慮。我們永無止境地檢查行動裝置，看有沒有別人傳來的訊息。比起文字，我們對影像更為敏感。簡而言之，如果我們的生活和網路空間密不可分，有時甚至長時間沈浸於網路空間內，這將對社會的基石——人類互動產生深遠的影響。保護自己的第一步，是體認到網路空間其實並不存在：網路空間不過是一種自願幻覺。沈浸在這種幻覺中太久對我們不是好事。

民眾已經體認到網路空間的成癮性。我們預期數位體驗會持續為我們帶來娛樂和消遣，而且最重要的是，數位體驗具有強大的吸引力。在不重要的層面上，我們可能不會太在意動態消息裡出現的「新聞」中穿插著名人八卦、時尚潮流或貓咪影片的連結。這些皆屬所謂的「點擊誘餌」（clickbait）。根據《牛津英語詞典》的定義，點擊誘餌指的是以引人注目的內容，鼓勵訪客點擊連結通往特定網站。點擊誘餌具有強大的吸引力。

因此，我們對於網路空間的期待似乎大不同於我們對「肉體空間」（meatspace）的期待。數位世界的擁護者把現實世界貶稱為「肉體空間」，意即受到物理定律限制的三維空間，是我們每日辛苦過活的空間，是人類數千年來演化的空間。然而，網路空間和肉體空間並非互相獨立：我們在網路空間裡的所作所為，會反過來影響現實世界。網路罪犯詐欺我們的時候，偷竊的是真實的金錢。基礎建設遭駭的時候，熄滅的是真實的燈泡。網路霸凌發生的時候，受害的是真實的孩童。網路上的行為模式會影響到我們的日常生活，線上發生的事情不會止於線上。

顯然，年輕一代仰賴社群媒體平台和親朋好友互動、認識新的人、建立新的關係，已經有一段時間了。與此同時，他們使用各種專門的網站接觸志同道合的人，和品味、意見、政治觀相同的人互動。這些年輕世代老了以後，我看也不會改變這種根深蒂固的數位習慣。今日，近八〇%的美國公民使用某種形式的社群媒體。我們日益仰賴網路獲取關於財經、旅行、商務和政府的必要資訊，更是使網路成為日常社會互動的首選媒介。

在美國，行動裝置螢幕已取代電視新聞、當地報紙、全國報紙等背後有人策劃的傳統媒體，成為感知周遭情勢的媒介。年輕成人看電視新聞的比例奇低，因為他們偏好新聞網站。二〇一八年，五位美國成人中只有一位透過報紙吸收新聞，而十八至二十九歲的族群中，讀報的比例更是只有二十分之一。[2]歐洲亦出現相似的趨勢：平價、永不關機、永遠順暢連網的行動裝置愈來愈普及。這種連接性使同儕（和上司）期待我們永遠會在線上而且隨傳隨應。早在二〇一〇年，就有九十三%的美國人會在看電視或和親朋好友講話的時候檢查手機。[3] 這就是為何社群媒體上的訊息會像上一章看到的那樣，快速觸及目標受眾並對其產生影響。

因此，西方國家的公民接收各類數位資訊，並且不受拘束地活躍使用社群媒體，此現象在可預見的未來不會改變。沈浸在數位資訊裡的公民，必定會接收到刻意誤導、不實或惡意的資訊。散布這類資訊的有心人士當中，部份族群的意圖真的可說是顛覆或煽動。可能會有人說，這種現象在十六世紀初期就有先例：印刷術的發明導致宣傳小冊子的出現，這種新穎的媒介搭配駭人聽聞的內文，為宗教改革與後來的反宗教改革產生推波助瀾的效應。這樣的說法或許有道理，但今日的數位媒介可以更容易、更便宜地達成同樣的效果。搭配本書稍早提及的「數位同溫層效應」，這股趨勢將使民眾更容易受到資訊操弄的影響。

使用網路會放大我們的個人特質，這就是網路的去抑制效應。這不全然是壞事，因為同情和利他等自然情感也會受到放大。人會透過網路進行慈善捐款，群眾募資平台可以協助小型新創企業和欲對勢力龐大的企業提起集體訴訟的人士。然而，數位媒介的確提倡「快思」和快速反應。與此同時，我們必須保留反思、創意的時間。

數位沈浸改變了我們感知他人的方式。例如，網路的匿名性產生去抑制效應，導致許多人在社群媒體貼文中對他人無禮辱罵。這種效應使政治辯論的基調和媒體對政治的報導變得粗魯卑鄙，而媒體在報導政治的時候愈來愈只看黨派不問是非。有人說這種現象類似現代版的超級英雄效應，使人覺得自己無敵又隱形，可以對他人行使權力而不須承擔責任。[4]從前有人說，網路謾罵所使用的語言，大家面對面時不會使用；現在這種現象愈來愈少見，從現實世界裡大家的言行可見一斑。

去抑制效應的另一個案例，就是愈來愈多年輕人（以及些許有點歲數的人）有玩「性簡訊」（sexting）的習慣，而且聽從他人要求、透過網路傳送自己的親密照片，結果照片被廣為流傳，導致痛苦、自殘甚至自殺。這種現象現在被稱為「性勒索」（sextortion）。大多數電子郵件和社群媒體的使用者，都會隨意表達放蕩的觀點或揭露個人資訊。如本書第十章所述，我們的線上通訊容易成為駭客的目標。駭客可以入侵系統、竊取資訊，並把資訊當成武器使用。這種資訊如果落入有心人士手裡，就有可能變成操弄、嘲諷、人格暗殺或甚至勒索的工具。

為了保護自己，我們應更了解持續暴露在快速的資訊流和未經修飾的意見流之中，會如何改變個體的行為以及心理歷程，包括感知現實的歷程。網路使用者得知事件的方式，以及區分新聞和意見的困難（就和媒體一樣，傳統的記者現已大多從事新聞工作者的工作），為影響力行動提供沃土，其後果對民主大多不利。

瞭解數位科技對民主的影響

上一章開篇提到的虛構故事裡，北極熊運動於二〇二七年席捲英國。這則故事的基礎是我的評估：民眾愈來愈受到數位操弄的影響。尤其是來自二〇一六年美國總統大選的證據顯示，民眾缺乏鑑別能力，很容易就轉傳寫實的假資訊、騙局和駭人聽聞的誇張故事。

在未來，社群媒體將會出現更多黨派性極強的民粹主義觀點和充滿陰謀論的論述。與此同時，政治論述的知識水準將會降低，辯論將會變得粗魯，科學推理不受捍衛，政策制定不憑證據。現在選民不信任政治人物的動機，導致投票率降低；如果這類指標持續惡化，這並非一場意外，而是因為我們被動承認邏輯不再具有影響力。理性不再是施政治國的主導原則，這主要是源於社會內部的衰退。近期，這種糟糕的發展受到俄羅斯宣傳和造謠行動的鼓勵和利用。面對威脅，我們必須建構韌性。這就是啟發我撰寫本書的原因。

對某些人而言，政治能滿足其自戀傾向，因為政治裡的一切反映他們心裡先入為主的觀念。

對於任何可能會干擾既有觀念的事情，他們可以將其當作不實或不確定的資訊而視若無睹。拒絕理性檢驗事實的人難以滿足。本書第一部提到，理性的其中一個重要面向是推論，意即在不完全確定的情況下，根據證據推導出有論據的結論。這就是情報官的工作。情報官明白判斷鮮少能完全確定，但推論式的判斷依然具有重要的價值，能協助人做出更優質的決策。我們大家皆應採取這樣的做法。第二章探討面對新證據的時候，如何運用貝氏推論法，理性調整我們對主導決策之意見的信心程度。我們可以跳脫陰謀論思維的扭曲迴圈，誠實看待我們不想承認的事情。

通盤而論，網路使用者喜歡接受高度精確投放的資訊，無論資訊的真假，唯一的前提是訊息要能強化自身的核心價值觀。這屬於第五章所探討的確認偏誤。「這有可能是真的」，太容易就演變為「這應該是真的」，最後變成「這跟真的一樣」。

有一個很好的案例：英國脫歐公投宣傳期間，脫歐派在紅色宣傳車上張貼一則標語，鼓勵選民在二〇一六年六月二十三日支持脫歐。標語內容為：「我們每週給歐盟三億五千萬英鎊。這筆錢不如拿來資助我們的公共醫療體系。」鮑里斯・強森曾復誦這則標語。對此，獨立於政府部會的英國國家統計局批評強森「顯然誤用官方統計數據」。事實上，英國淨提撥給歐盟的費用比較接近每週二億五千萬英鎊。無論如何，脫離歐盟將導致貿易變遷。根據估計，英國脫歐對經濟的衝擊很有可能遠高於省下的會員費。[5]但對於那些原本就不信任留歐的人，三億五千萬英鎊就跟真的一樣。

川普等政治領導人開創新型態的欺騙政治。他們一貫公然蔑視專家和事實準確度，他們的言行舉止清楚表明他們不在乎自己所說的話是否屬實，只在乎是否能表達一種「有可能是真的」的感覺，藉此達到預想中的情感效果。二〇一七年一月二十二日，川普總統上任才兩天，其資深顧問凱莉安・康威（Kellyanne Conway）就說白宮有「另類事實」可以解釋為何即便影像證據與其說法矛盾，川普總統依然堅信自己的就職典禮觀禮人數是史上最多的。[6]

現在，有些事實性陳述在某些人眼裡僅能做為聲稱，不可以證實或否證，這種現象著實令人惶恐。希拉蕊・柯林頓前任的紐約州參議員丹尼爾・莫尼漢（Daniel Moynihan）曾說：「每個人都有權表達自己的意見，但無權定義自己的事實。」這段話說的很對。

據稱，十六世紀哲學家兼政治家法蘭西斯・培根（Francis Bacon）曾言：「知識就是力量（ipsa scientia potestas est）。」我在第一本著作《保衛國家》（Securing the State）裡曾說：「如果知識就是力量，那麼秘密知識就是排山倒海之力。」[7]這段話雖然合理，卻被川普擊潰了——力量單純是為其所能為，可以改變事實，可以改變詞意。於是，移民、恐伊斯蘭、排外等情緒化的議題，便轉化為「把圍牆蓋起來」和「把她關起來」等群眾口號。

部分原因在於當代的民粹主義脈絡。某些族群可能覺得自己有理，相信自己被傳統政治摒除在外。這些選民可能因為工廠關閉和都市衰退，經歷經濟困境和社會結構腐化。民粹型政治人物便對這種族群訴諸情感，為其增添一種錯誤的懷舊感，因為記憶中的過往儘管有匱乏，人生卻感覺比較簡單，活在那些族群所重視的價值觀裡。

人身處複雜的逆境時，如果找不到簡單的肇因，就更有可能採納民粹主義的解釋。他們看到反應遲鈍的菁英階級從事代議民主政治並且從中得利，於是有人會說菁英階級只顧自己的私利，犧牲那些被拋下的族群。接著就輪到陰謀論登場。如第六章所述，陰謀論把當權者視為「深層政府」的化身，認為當權者在阻撓人民的意志。然後，提倡陰謀論的社群媒體粉專，會宣稱他們報導的是主流媒體忽略或甚至打壓的資訊和觀點。陰謀論的扭曲迴圈就這麼形成了。

如同喬治．歐威爾所言，這種政治上的混亂與語言使用精確度衰退有關，字詞與其意義已然脫鉤。寡廉鮮恥的民粹領袖使用黑暗人格三合一——自戀、馬基維利主義、心裡病態——促使人民摒棄理性的論證。蘭德公司（RAND Corporation）稱此為「真相的凋零」（truth decay）。[8]這種凋零具有四個思想腐化的跡象：

- 大家對事實的意見分歧加劇，對事實和資料的分析性詮釋亦是如此。
- 意見和事實之間分的界變得模糊。
- 意見和個人經驗的相對聲量和隨之而來的影響力大過事實。
- 大家不再信任專業。從前受敬重的機構不再被視為可信的事實資訊來源。

五百年前的法蘭西斯．培根以及十七世紀的大衛．休謨（David Hume）和亞當．斯密（Adam Smith）等啟蒙運動思想家，運用「理性探究」對抗這種無知的潮流。他們的價值觀就是以嚴謹的思考為基礎，透過觀察和理性分析得出公正的政策判斷。

演化生物學家羅伯特．泰弗士（Robert Trivers）曾言，自我欺騙的能力或能產生特殊的戰略優勢，因為這種能力可以提升欺騙他人的能力。[9] 若果真如此，操弄民眾的政治人物所提出的主張和這些主張的根本價值之間，呈現一種令人不安的負回饋。例如，社群媒體上的政治辯論愈發展現這種特質：許多人喜歡批評專業背後具有政治意圖，尤其是科學知識。美國的「憂思科學家聯盟」（Union of Concerned Scientists）不滿地表示，每天都有更多證據顯示川普政府正在傷害「參考科學制定政策」這個行之有年的流程。[10]

人反對的通常不是科學本身，而是科學對其世界觀的影響。這種現象自古就有。當年梵蒂岡惱火的不是伽利略（Gelileo）提出日心說預測天體的運行（神亦有可能如此設計，使世人觀察到太陽是中心），而是伽利略在接受審判的時候低聲說「Eppur si muove」，意即「地球實際上就是在動啊」。

今日，否定氣候變遷的倡議人士等族群所反對的通常不是科學探究本身，而是科學探究的結果對其世界觀和意識形態的影響。在此，我只能引用伽利略的名言：「我不相信賦予我們感官、理性和智能的神，會要我們放棄使用它們。」[11]

真正的民主需要明達的意見（包括對政權的批評）和真正的辯論。好消息是已有實驗證明，有效阻止謠言的散布的方法有二。[12]第一是駁斥內容，意即運用既定的事實來反駁謠言。第二是駁斥手段，意即揭露否定論者所使用的手段，並以其人之道還治其人之身。後者揭穿陰謀論對零星論文自助餐式的挑選，以及對事實的斷章取義。根據實驗，前者亦能有效打擊謠言，卻有強化陰謀論思維的風險，因為陰謀論者會認為說服的作為本身就顯示陰謀有多麼深層。

若能透過這些人最在意的議題產生情感共鳴，就能提升訴諸理性的效果。這或許和對付恐怖份子的策略有幾分相似。北愛爾蘭和平進程中，臨時愛爾蘭共和軍中最鐵桿的恐怖份子，最後也認同領導階層的看法，體認到通往愛爾蘭統一的最確切道路並非濫殺無辜，而是參與政治並建立跨境機構。他們並沒有放棄初衷，但現在他們明白透過恐怖行動永遠無法達成目標。

對抗數位顛覆

一五六八年造訪約克郡的旅人，可能會看見涉入「聖寵朝聖行」（Pilgrimage of Grace）事件，膽敢挑戰亨利八世（Henry VIII）的人士被肢解後的殘骸掛在城堡牆上。一七四五年造訪卡萊爾的旅人，可能會看見詹姆斯黨叛亂（Jacobite rebellion）領導人的頭顱掛在木桿上示眾。一七九〇年代，法國大革命的恐怖統治期間，法國貴族的下場同樣淒慘。古時候，行顛覆和煽動的人與企圖捍衛現狀的人之間只有一條至高無上的教戰守則：勝者享受戰利，敗者絞刑示眾。敗者可能會接受貌似審判的儀式，例如羅馬尼亞的共產主義獨裁者尼古拉．西奧塞古（Nicolae Ceau escu）與妻子艾琳娜（Elena）於一九八九年出庭受審，但這場死刑判決不過是個形式。[13]今日，羅馬尼亞是歐盟和北約的正式成員國，證明民主能賦予人民力量，即便這些人民已經歷數十年威權統治的殘害。民主政府如果對國際關係採取現實主義，就會感到有道德立場運用權力對抗干預主權的行為。

其中一個選項是強化秘密情報的搜集和使用，藉此取得優勢地位。二十世紀，保護民主體制是聯邦調查局和軍情五處從事各項活動的正當性基礎。軍情五處的官網上名列該機構今日的宗旨：「保護國家安全。百多年來，我們致力對抗恐怖主義和敵對國家的有害間諜活動，以保護民眾的安全。」儘管如此，現代數位顛覆行動可能無影無蹤，需要謹慎調查才能判斷元兇的身分，瞭解潛在威脅是否大到應採取堅決的反制措施。

網路的匿名性，加上其影響力、全球性和傳輸速度，使反制措施難以實施，至少對自由社會而言。儘管如此，民主國家仍應把對抗現代顛覆和煽動，列為國安工作的重要領域並提供充沛的資金。俄羅斯、中國和伊朗的政府已體認到網路的力量，因而編列大量預算提升利用網路的能力，藉此推展自身的外交政策。這些國家亦害怕網路對本國的影響，因此堅決不讓國內民眾自由瀏覽網路。

唯有充分掌控生活的人，才享有個人自我發展的權利。生活受威權政府控管的人，便無法自我發展。現在有一個正在開發階段的案例：運用網路社會信用評分的「大助推」（big nudge）效應。中國政府現正從事大規模試驗，測試監控並獎懲網路行為是否能對中國龐大的人口產生助推效應，使民眾做出符合社會期許的行為（由中國共產黨定義）。同時，反社會的行為會招致懲處，並因此轉至更受容許的方向。

中國的網路巨頭和政府合作開發並測試的演算法正是如此，它記錄人民的財務活動、線上互動、網站瀏覽紀錄、能源使用、交通違規等等行為，並為人民打分數。政府會根據分數給予獎勵，例如高分的人可以擔任公職，其子女享有更好的教育機會。政府亦能實施精確的制裁，最極端的制裁就是強制再教育，送入管制森嚴的訓練營或再教育營。新疆的維吾爾族人如果被認為不夠尊重中國（也就是漢人）的價值和文化，就必須接受強制再教育。

這種濫用數位科技的措施，將會受到許多害怕社會動盪或族群衝突的國家所青睞。世界各地的獨裁者必定會喜歡這種政策。在我們的觀念中，個人自由和自由民主體制密不可分，但許多國家會選擇犧牲個人自由，換取社會和諧與經濟發展。

反制煽動向來會引發棘手的倫理問題，因為反制煽動的措施涉及質疑國內民眾對國家價值的忠誠。如本書第六章所述，政府監控自己公民的時候必須格外謹慎。這種情形有兩個極端，其中一個極端是東德祕密警察機構史塔西（Stasi）。史塔西有方法嚴密監控全東德人民，記錄每個家庭的正常行為，藉此偵測並調查任何不正常的行為，因為這些行為有可能是反社會活動的徵兆。

另一個極端是政府過度忌諱國內監控，因而無法有效調查自殺炸彈嫌疑犯從事恐怖犯罪的意圖，使國內民眾暴露於不合理的險境。

儘管如此，擔心外國顛覆的政府必須克服這層倫理顧慮，採取措施保護自己。政府可以依法偵查外國特務，將其逮捕後遣送出境。網路領域的情況就比較棘手，駭客入侵、網路酸文、暗中資助煽動活動或其他積極措施等敵意行為，可能源於其他國家，而這些國家的政府不願意配合調查。揭露背後主使者和偵測和惡意程式所需的監控措施（包括大量調取網路資料），可能看似高度侵犯個人隱私。我認為若要保護社會不受傷害，我們就必須允許情報和國安機構使用這些強大的工具，然而這些手段在不同政府的手中可能會成為壓迫的工具。因此，我們必須秉持法治精神，對這些工具的使用進行管制和監督。

在信奉言論自由（並以憲法和法律保障言論自由）的國家裡，不同的意見和意識形態百家爭鳴，其中必定有傷害公眾利益的資訊。文明社會不容許兒童色情、煽動暴力、仇恨言論、種族霸凌，多數民主國家也都制定嚴格的法規禁絕此類行為。過去，這種資訊如果沒有被當局查獲，那就在暗中流傳，不太會被無心人士看見。但數位資訊的汪洋是法外之地，這就產生許多問題，尤其是網路使用者只要有心尋找，必然能找到有害的資訊。

然而，享有言論自由並不等同於有權運用演算法放大自身觀點。[14]薩拉菲聖戰（Salafist-jihadist）運動人士在網路上散布的影像和宣傳，恰恰證明這點。如前章所述，俄羅斯架設欺騙性網站並在網路上散布謠言，藉此干預二〇一六年美國總統大選，這也是運用演算法的放大效應從事顛覆活動的案例。

數位旁道的規則

網路為社會和商業帶來龐大的淨利益，民主國家不可能管制人民訪問外國網路或平台。然而，網路資訊的內容適用國家法律，而且絕大多數的國家皆要求公司移除被視為仇恨言論或煽動暴力的內容。此類內容很有可能違反營運者或平台的服務條款。對網路資訊進行內容審查的時候，必須精確判斷哪些內容會引起很多人的反感，但在自由社會中受到「被冒犯的權利」所保障；哪些內容則是對公眾利益產生積極傷害，因而違反法規。

要求營利企業（尤其是所有權和營運基地在外國的營利企業）行使審查內容的責任，這本身就是一項具有爭議的主張。如果民主社會審查有些人認為具有煽動性的政治觀點，便很可能會引發反對的聲浪，因為會有人認為此舉違反言論自由。因此，西方民主國家與中國和俄羅斯等威權國家之間存在著一種不對稱。威權國家限制國內民眾訪問外國網站，因為這些政府認為這些網站含有各類顛覆政權的內容。

當然，居住在自由社會也代表我們大家都會受到各種資訊的影響。當有些資訊被發現是遭到惡意散布的假資訊，民眾對民主程序和民主制度的信心就會慢慢衰減。儘管有這些考量，有些民眾厭惡、不容許、希望能壓制的資訊，仍有廣大的空間能在自由社會中流傳。

我們必須克服的第一道障礙，就是社群媒體平台自我中心的觀點：許多社群媒體平台認為自己僅僅是一種通訊管道，沒有責任管制流經管道的資訊，就算資訊有毒有害也不是他們的責任。社群媒體平台顯然不是紙本書籍或論文的「出版者」（publisher）。[15]但這是我們古老的語言令我們墜入一種假性的二分法。在不同的脈絡之下，這些公司既是管道，亦是出版者，如同光是以粒子或波浪的形象顯現，會隨著觀者的觀察方式不同而有所改變。我們尚未找到一個完美的方案來化解這兩個不同的考量。我們必須在兩者之間取得平衡。

在瞭解哪些事情至關重要、哪些挑戰困擾我們的時候，我們必須秉持核心原則。反對現狀的人士必須採取和平手段，不得使用或威脅使用暴力或恐怖行動。他們必須透過民主程序促成改變。民主程序把合法的改變限縮在民主體制可達成的範圍內，它們必須來自內部，這樣就能排除外部顛覆的可能。穩定的憲法（即使像英國一樣是非成文憲法）可以明列修憲規則，藉此劃清煽動的界線。

立法公開透明、秘密活動受法律監管，此二者是現代法治的必要條件。有些重要的國防和情報活動必須秘密進行，但對民眾公開說明一套政策，私底下卻做另一套的政府，在今日必定會陷入困境。現代要在行動的戰術需求範圍以外保守秘密幾乎是不可能的一件事。在社群媒體、維基解密和公民記者的年代裡，秘密的本質已和從前大有不同。[16]

我們可以採取的作為

二〇二八年春一個暖和的日子，特拉法加廣場上，一小群帶著北極熊口罩的核心倡議人士在此集結進行年度示威活動。他們準備穿越白廳，在國會大樓前方抗議，表達對革命運動的支持。然而，在場的記者寥寥無幾，參與抗議的群眾也屈指可數。近期的大選中，英國選民堅然拒絕他們那激進的直接民主制度。許多名嘴原本害怕民眾不會出來投票，但實際上大選的投票率很高。

代議民主制度似乎重振旗鼓，國會議員負責任地使用社群媒體和所有選民接觸，而不只是和投給自己的選民溝通。COVID-19全球疫情後，英國陷入經濟蕭條，但選民透過這次大選為傳統政黨淘汰了他們眼中導致復甦緩慢的政治人物。新一代的年輕議員進入國會，相互競爭誰對選民比較開放、直接、誠實。所有的政黨都支持減緩氣候變遷（少數否定氣候變遷的議員已落選）。這是一個團結的故事，說明如果國民齊心協力弭平蕭條所產生的分歧，國家能達到什麼樣的狀態。

《經濟學人》（The Economist）二〇二八年五月刊登載多頁長篇社論，說明為何民主的未來比從前更為光明。編輯列出民主國家的政治氛圍出現三大變遷，並把這三大變遷統稱為穿越悲觀之雲的「太陽光芒」，分別是「積極捍衛民主自由」、「降低民眾在網路上受影響的程度」和「強化網路安全和網路嚇阻」。

該篇社論把第一項變遷歸因於二〇二二年的一項具有遠見的決策：政府經過謹慎的準備後，在各級學校推動一套重大的五年素養計劃，使自由民主向下紮根，並教導學生數位時代應有的批判性思考。因此，年輕一代變得更有自信，但也開始嚴厲批判老一輩政治人物的草率思維和空洞諾言。

全國預科學院辯論大賽現在每年舉辦，羞辱那些精於政治話術的政客：被年輕人有憑有據地評為騙子，正成為政治生涯一大阻礙。媒體報導名嘴和政治人物說話時，會搭配顯示高階人工智慧事實查核軟體的查核結果，以達成類似的效益。法律規定所有付費政治內容皆須標記源頭的姓名和地址，這項措施減少了嚴重扭曲前幾次大選的假新聞。預算責任辦公室（Office of Budget Responsibility）的職權擴張，開始負責對新政策進行客觀檢驗，並公布政府決策背後的事實分析依據，這是一項非常好的創新舉措。

《經濟學人》列出的第二項良性發展，是網路操弄和造謠對民眾的影響程度明顯降低。新任美國總統於二〇二五年召開全球網路規範會議，邀請民主政府、公民團體、網路巨頭和全球廣告產業與會，因而博得讚賞。她強調媒體自由對民主的價值，並稱讚調查報導對廉政的貢獻。會議公報宣示政府將修復真相的表達，並終結「另類事實」的提倡。公報亦宣布大舉投資自動偵測技術和自動移除非法和違反社群媒體準則之內容的技術。《經濟學人》稱此為雙贏局面，因為廣告商和客戶很高興自己的品牌廣告旁邊不會再出現可疑的內容。新聞網站現在可以貼出經過獨立驗證的風箏標章，以顯示自己可靠性。

科技公司集團在網際網路裡設置一個安全的子網路，使用者必須經過生物辨識才能訪問。此網路廣受社群媒體使用者的青睞，尤其是在學兒童。由於犯者會被追查，網路酸文、性簡訊、線上霸凌等情事大量減少，因此創新和盈利的網路活動大量湧現。仍在使用原始「蠻荒西部」網路的人，明白他們自置險境。

《經濟學人》最後指出，政府指示情報機構應優先著重反制顛覆方面的工作後，網路安全獲得累積式的提升。英國國家網路安全中心亦和民間部門建立夥伴關係，並和其他國家的網路安全中心展開合作。民眾變得更有安全素養。關鍵基礎設施現在更有韌性，更能抵擋任何攻擊。英美兩國發起若干高度針對性的網絡攻擊行動（編輯提醒讀者，《經濟學人》向來支持這些行動），展現兩國有能力反制網路脅迫。

英國的網域（.uk）現在受到主動網路防禦措施的保護，這些機制能在大量流量中偵測惡意軟體，並移除惡意網站和假網址，防止罪犯和駭客團體吸引無戒備之心的民眾上鉤。這不僅大幅減少詐欺的情事，更是讓海外顛覆活動變得更為困難。駭客竊取電郵已成為往事，不再有機器人針對最輕信的族群的散布假新聞。可惜的是，俄羅斯依然透過RT電視台和俄羅斯衛星通訊社（Sputnik）散布宣傳（編輯以高尚的語氣說：無視這些資訊就好，並體認到這些資訊的本質）。然而，俄羅斯不再有能力干預西方國家的選舉。西方情報機構滲透發動攻擊的政府機構，完全暴露俄羅斯上一次的干預行動，涉案人士遭國際通緝。

《經濟學人》的結論是，只可惜這三大議題沒有在十年前或更早就獲得同等的國際支持。如果當初早一點做的話，民主世界能省下多少麻煩啊！

如果民主政府以及和民主政府合作的人能在未來數年銘記這些教訓，我們亦能對國家的數位健康、民主的未來和民選領袖的正直，保持類似的樂觀態度。我們將可拖緩或甚至反轉民眾對政治的信任衰退，並恢復民眾對理性辯論的信心。外國的敵人再也不能隨意對我們發動數位顛覆和數位操弄。

科幻小說家以撒．艾西莫夫曾批評有些人「誤以為民主的意思，就是我的無知和你的知識一樣好」。文明和安全的基礎就是證明這些人的看法不正確，並支持其反論。我們應當銘記十八世紀蘇格蘭啟蒙運動核心人物哲學家大衛．休謨的名言：「公正的推理者從事各類檢驗和決策時，必定具有一定程度的懷疑、謹慎和謙遜。」[17]

注釋

序

1. 這些截獲情資的故事和派遣部隊奪回福克蘭群島的決策，記載於勞倫斯．佛里德曼爵士（Sir Lawrence Freedman）所撰之福克蘭軍事行動正史，以及約翰．諾特爵士和時任第一海務大臣（First Sea Lord）亨利．里奇爵士上將（Admiral Sir Henry Leach）的回憶錄。Lawrence Freedman, The Official History of the Falklands Campaign, vol. 1, London: Routledge, 2005, ch. 19. John Nott, Here Today, Gone Tomorrow, London: Politico, 2002. Henry Leach, Endure No Makeshifts, London: Pen and Ink Books, 1993.

2. 把機密情報的本質和應用闡述得最精湛的短文，是《巴特勒報告》（Butler Report）的第一章。《巴特勒報告》探討2003年入侵伊拉克前夕的情報失誤。報告第一章的作者彼得．佛里曼（Peter Freeman）是是該起調查的顧問，生前也是我在政府通訊總部的資深同事。Robin Butler, Review of Intelligence on Weapons of Mass Destruction, London : HMSO, 2004, ch. 1.

3. 以聯合情報委員會的正式用語闡述，這就是「搜集關於情況和具有戰略、行動、戰術意義之實體的資訊，並描述該情況內的已知行動和未來行動」。

4. 我以前情報員的身分和政治科學教授馬克．普蒂安（Mark Phythian）共同撰寫的書中，有一段對話的主題就是秘密情報工作的倫理。Principled Spying, Oxford : Oxford University Press, 2018.

5. 我使用「否定能力」一詞的方式，和二十世紀英國精神分析學家威爾弗雷德．比昂（Wilfred Bion）相同。比昂修改濟慈提出的概念，闡述一種開放的心態，以及忍受不確定性的能力，並主張這種能力不僅是精神分析療程的重點，更是人生的核心課題。請參見Diana Voller,‘Negative Capability’, Contemporary Psychotherapy, vol. 2, no. 2, Winter 2010.

6. Richard Aldrich, GCHQ, London : Harper Press, 2010, ch. 24 和政府通訊總部為慶祝成立一百週年而授權撰寫的官方歷史John Ferris, Behind the Enigma, London : Bloomsbury, 2020 皆記載當時面臨的挑戰。

7. Ringu Tulku Rinpoche, Living without Fear and Anger, Oxford : Bodhicharya, 2005.

第一章

1. 美國中情局整合部分潘科夫斯基提供的珍貴情資並將其公諸於世，為這位被譽為該時期最成功的中情局特務確立名份：Frank Gibney (ed.), The Penkovsky Papers, New York : Doubleday, 1965. 中情局官員喬治・季斯沃特（George Kisvalter）和綽號「雪基」（Shergy）的軍情六處的傳奇專案負責官哈洛・雪古德（Harold Shergold）共同負責與潘科夫斯基接洽。季斯沃特的傳記生動地描述整起案件：Clarence Ashley, CIA Spymaster, Gretna, La. : Pelican Publishing, 2004, ch. 10. 有本英國的著作也忠實記載此事：The Art of Betrayal, London : Weidenfeld and Nicolson, 2011, ch. 4.

2. 為紀念古巴飛彈危機五十週年，華府喬治華盛頓大學（George Washington University）的國家安全檔案館（National Security Archive）彙整一系列含有原始文件（包括來自蘇聯的資料）的匯報書刊，依時間順序紀錄事件始末。請見：https://nsarchive2.gwu.edu/NSAEBB/NSAEBB400/ 訪問日期：二〇一九年十二月二十四日。

3. 若欲了解統計學家之間對於貝氏推論的效力的爭論，以及艾倫・圖靈（Alan Turing）在布萊切利園（Bletchley Park）重新發現貝氏推論法的故事，請見Sharon Bertsch McGrayne, The Theory That Would Not Die, New Haven, Conn. : Yale University Press, 2012.

4. 探討「分析」的經典文章，出自小名「迪克」的理查．豪雅（Richards “Dick” J. Heuer）。豪雅於韓戰期間加入中情局，後來成為中情局的資深官員。豪雅於1978至1986年間撰寫一系列機密文章，旨在精進中情局的分析技術。1999年，中情局以這些文章為基礎發行一本書籍。豪雅的開創性研究向來是我重要的參考依據。Richards J. Heuer, Jr, The Psychology of Intelligence Analysis, [Washington DC] : CIA Center for the Study of Intelligence, 1999, available at https://www.cia.gov/library/centerforthestudyofintelligence/csipublications/booksandmonographs/psychologyofintelligenceanalysis/PsychofIntelNew.pdf, 造訪日期：二〇一九年十二月二十四日

5. A Tradecraft Primer : Structured Analytic Techniques for Improving Intelligence Analysis, Langley, Va. : CIA, 2009，請見https://www.cia.gov/library/centerforthestudyofintelligence/csipublications/booksandmonographs/, 訪問日期：二〇一九年十二月二十四日。若欲詳閱中情局對於分析及管理分析官的經驗之彙集，請見Bruce E. Pease, Leading Intelligence Analysis, Los Angeles : CQ Press/Sage, 2020.

6. 引用於Gregory Bergman, Isms, London : Adams Media, 2006, p. 105.

7. Donald E. Moggridge (ed.), The Collected Writings of John Maynard Keynes, London : Macmillan/Cambridge University Press, 1936, vol. VII, p. 156.

8. Michael Nielsen, Neural Networks and Deep Learning, 免費線上書籍，網址：http://neuralnetworksanddeeplearning.com/ 訪問日期：二〇一九年十二月二十四日。本書以深刻的見解循序漸進地講解電腦如何透過簡單的程式碼從觀察資料中學習。

9. 人類分析官可以使用自動視覺化工具顯示情況的不同層面，使關鍵特色更容易受到偵測。「看見空間」（Seeing Spaces）是一項潛力強大的互動式技術，可以把整個房間變成決策者的輔助工具。請見Bret Victor, 2

May 2014 talk on https://vimeo.com/97903574 訪問日期：二〇一九年十二月二十四日。SEES模型的四個分析階段或許也可以透過這種互動技術呈現給分析官。

10. 鈴貓在自己的網站上詳盡描述調查過程，並為公開來源調查人提供資源，請見：https://www.bellingcat.com/ 訪問日期：二〇一九年十二月二十四日。

11. 若欲了解暗網裡的特殊人士和文化，請見Jamie Bartlett, The Dark Net, London : Heinemann, 2014.

12. Wayback Machine就是一個很有用的網站，庫存自一九九六年來超過三千億個網頁，請見https://archive.org/web/web.php 訪問日期：二〇一九年十二月二十四日。Web Archive是另一個很有用的網站，自二〇〇四年起專門為六座英國法定送存圖書館庫存英國網站，並提供主題式的網站分類目錄。該網站開放免費使用：http://www.webarchive.org.uk/ukwa 訪問日期：二〇一九年十二月二十四日。

第二章

1. 前美國駐北約大使伊沃．達爾德（Ivo H. Daalder）曾向布魯金斯學會（Brookings Institute）描述，隨著穆拉迪奇將軍在塞族共和國軍戰爭罪行中扮演的角色愈來愈明顯，美國和西方對波士尼亞衝突的政策亦開始發生變化。請見一九九八年十二月一日的文章：https://www.brookings.edu/articles/decisiontointervenehowthewarinbosniaended/ 訪問日期：二〇一九年十二月二十四日。若欲了解穆拉迪奇將軍行為越界的警告任務，請見Col. Robert C. Owen (ed.), Deliberate Force : A Case Study in Effective Air Campaigning, Maxwell Air Force Base, Ala. : Air University Press, 2000, p. 26.

2. Edward H. Carr, What is History? Cambridge : Cambridge University Press, 1961, p. 23.

3. David Omand, Securing the State, London : Hurst, 2010, p. 168.

4. 例如，英國生物樣本庫（UK Biobank）的調查涵蓋五十萬名受測者，每位受測者皆長年提供數百個關於自身健康、飲食和生活習慣的資料點。

5. 針對歸納推理的問題，曾有人進行精闢的檢驗：David Deutsch, The Fabric of Reality, London : Allen Lane, 1997, ch. 3.

6. 黑天鵝所造成的問題遠遠不只是其稀少性，請見Nassim Nicholas Taleb, The Black Swan, London : Penguin Books, 2007, ch. 1.

7. 若欲了解網路世界的案例，請見Ben Buchanan, The Cybersecurity Dilemma, Oxford : Oxford University Press, 2017, ch. 1.

8. Michael Goodman and Ian Beesley, Margaret Thatcher and the Joint Intelligence Committee, The History of Government Blog, 1 October 2012, available at https://history.blog.gov.uk/, accessed 24 December 2019.

9. Richard Rorty and Pascal Engel, What 's the Use of Truth?, New York : Columbia University Press, 2007, p. 44.

10. 羅倫斯．弗利曼爵士（Sir Lawrence Freedman）教授提出「戰略劇本」（strategic script）的概念，描述政治辯論中常用來代稱某情勢的經驗法則，例如「綏靖劇本」（appeasement script）和「越南劇本」（Vietnam script）。Lawrence Freedman, Strategy : A History, Oxford : Oxford University Press, 2013, p. iv.

11. 曾有若干人士把情報分析和醫學分析放在一起做比較，請見Mary Manjikian, ‘Positivism, PostPositivism, and Intelligence Analysis’, International Journal of Intelligence and Counter-Intelligence, vol. 26, no. 3, Fall 2013, p. 563.

12. 豪雅在自己為中情局所撰寫的著作中推廣「競爭假說分析」，請見Richards J. Heuer, Jr, The Psychology of Intelligence Analysis, [Washington DC] : CIA Center for the Study of Intelligence, 1999, pp. 95–110.

13. 這則故事源自「I love Hillary Clinton」臉書專頁二〇〇五年的貼文，現已證明為謠言：請見 https://checkyourfact.com/2019/04/26/factchecktrumprepublicansdumbestgroupvoters/, 訪問日期：二〇一九年十二月二十四日。

第三章

1. 中情局已釋出大量關於一九六八捷克危機的文件，例如Lessons Learned from the 1968 Soviet Invasion of Czechoslovakia : Strategic Warning and the Role of Intelligence, Washington DC : US Government Bookstore, 2010. 亦可參見See also Jaromir Navratil (ed.), The Prague Spring 1968, Budapest : Central European University Press, 1998, 本書以蘇聯和西方國家的資料為基礎，紀錄該事件的始末。

2. Michael Goodman, The Official History of the Joint Intelligence Committee, vol. 1, London : Routledge, 2015, p. 269.

3. Jonathan Swift, 'A Voyage to Brobdingnag', Gulliver's Travels, London: Benjamin Motte, 1726, ch. 4.

4. 若欲閱讀美國國家情報委員會完整版「南斯拉夫的轉變」評估報告，請見 https://www.cia.gov/library/readingroom/docs/ 1990-10-01. pdf, 訪問日期：二〇一九年七月二十八日

5. 有一篇很有趣的文章，探討平衡偽陽性和偽陰性的問題：Bill Wisdom, 'Skepticism and Credibility', in Michael Shermer (ed.), The Skeptic Encyclopedia of Pseudoscience, vol. 1, p. 455, Santa Barbara, Calif. : ABCCLIO, 2002.

6. 歐盟議會研究署（European Parliament Research Service）曾發布一份全方位的指南，探討實施預防原則遇到的問題：Didier Bourguignon, ‘The Precautionary Principle’, Brussels : European Parliament, 9 December 2015, 網址：http://www.europarl.europa.eu/RegData/etudes/IDAN/2015/573876/EPRS_IDA%282015%29573876_EN.pdf, 訪問日期：二〇一九年十二月二十四日

7. 醫療產業正引領這方面發展，為演算法的準確度找尋評估指標，例如用於區分良性腫瘤和惡性腫瘤的演算法。有一份詳細的介紹：Thomas G. Tape, ‘Interpreting Diagnostic Tests’, University of Nebraska Medical Center, 網址：http://gim.unmc.edu/dxtests/ROC1.htm，訪問日期：二〇一九年十二月二十四日。

8. Eli Wiesel, speech at the dedication of the Holocaust Memorial, Washington DC, 22 April 1993, https://www.ushmm.org/information/aboutthemuseum/missionandhistory/wiesel, 訪問日期：二〇一九年十二月二十四日。

9. Quintus Smyrnaeus, The Fall of Troy, New Haven, Conn.: Loeb Classical Library, 1913, p. 525.

10. 凱因斯採用主觀機率論，主張未來市場的狀態將反映投資人的動物本能。他曾寫道：「如果要出門散步，我們對下雨的期望，是高於不下雨，低於不下雨，抑或是同於不下雨？我主張，某些情況下，這三者皆不成立，因為是否攜帶雨傘的決策是隨意的。如果氣壓錶顯示氣壓偏高，但天空卻充滿烏雲，取信其中一項指標而捨棄另一項指標的決策並非總是合理的做法，平衡兩項指標的決策亦非總是合理的做法。隨意抉擇，不浪費時間，這才是合理的做法。」John Maynard Keynes, A Treatise on Probability, London: Macmillan, 1921, p. 30.

11. Dan Coats, ‘Statement for the Record: Worldwide Threat Assessment of the US Intelligence Community’, Washington DC: Senate Select Committee on Intelligence, 29 January 2019, p. 7, 網址：https://www.intelligence.senate.gov/sites/default/

files/documents/osdcoats012919. pdf, 訪問日期：二〇一九年十二月二十四日

12. 'National Strategic Assessment', London: National Crime Agency, 2019, p. 2, 網址：https://nationalcrimeagency.gov.uk/whoweare/publications/296nationalstrategicassessmentofseriousorganisedcrime2019/file, 訪問日期：二〇一九年十二月二十四日

13. DNI, 'Intelligence Community Directive 203', Washington DC: DNI, 2 January 2015, p. 3.

14. Isaac Asimov, Foundation, New York : Gnome Press, 1951.

15. 有一個有趣的案例：我們究竟能否預測基因變異？請見：Troy Day, 'Computability : Gödel's Incompleteness Theorem and an Inherent Limit to the Predictability of Evolution', Journal of the Royal Society, 17 August 2011, https://royalsocietypublishing.org/doi/10.1098/rsif.2011.0479, 訪問日期：二〇一九年七月二十八日。

16. 此術語來自格雷戈里・特維頓（Greg Treverton）教授。特維頓是美國國家情報委員會（National Intelligence Council）前主席。美國的國家情報委員會和猶如英國的聯合情報委員會。Wilhelm Agrell and Gregory F. Treverton, National Intelligence and Science, Oxford : Oxford University Press, 2015, p. 33.

17. 某些情況下，專家的表現甚至有可能比業餘預測人員還要差勁。國家情報總監辦公室（Directorate of National Intelligence）轄下之情報高等研究計劃署（Intelligence Advanced Research Projects Activity，簡稱IARPA）的優質判斷計劃（Good Judgment Project）曾舉辦比賽測試這種「群眾智慧」，結果請見：Philip Tetlock and Dan Gardner, Superforecasting : The Art and Science of Prediction, New York : Crown, 2015.

18. In Edgar Wind, Pagan Mysteries in the Renaissance, London : Peregrine Books, 1967.

第四章

1. 英國地質調查局（British Geological Survey）的網站有解釋這場二〇一〇年的火山爆發及其對噴射機引擎的影響：https://www.bgs.ac.uk/research/volcanoes/icelandic_ash.html，訪問日期：二〇一九年十二月二十四日。

2. 預防原則的概念：如果我們強烈懷疑某種活動會產生傷害，我們寧願現在就控制該活動，而非等待確鑿的科學證據出爐。

3. 二〇〇三年的反恐演習是英國有史以來規模最大的反恐演習。請見：https://www.telegraph.co.uk/news/uknews/1440619/Blunkettfearssuicidebomb.html，訪問日期：二〇一九年十二月二十四日。

4. 英國聯合情報委員會的職權包含辨識這些領域中對英國利益或政策乃至整體國際社群造成直接或間接威脅或是帶來直接或間接機會的發展，並及早提出警報。請見：https://www.gov.uk/government/groups/jointintelligencecommittee，訪問日期：二〇一九年十二月二十四日。

5. Cynthia Grabo, Anticipating Surprise : Analysis for Strategic Warning, Washington DC: University Press of America, 2004. 本書原本是美國情報界內部的參考書籍，但後來公開出版。此外，與其降低不確定性本身，我們可以降低我們對不確定性的脆弱度。請見：Yakov BenHaim, Policy Neutrality and Uncertainty: an infogap perspective, Intelligence and National Security, 2016, 31:7, pp. 978-992.

6. 國家貨幣基金（IMF）發布的《二〇一八年全球金融穩定報告》指出，國際貨幣基金進行的資本流風險值（capital-flows-at-risk）分析顯示，新興市場經濟體（不含中國）有五%的機率在中期面臨連續四季度的債務組合外流，而且外流金額高達一千億美元，甚至更多（占全體國內生產毛額的〇・六%），其規模模和全球金融危機不相上下。這就是一種長尾風險。請見：https://www.imf.org/en/Publications/GFSR/Issues/2018/04/02/GlobalFinancialStabilityReportApril2018, 訪問日期：二〇一九年十二月二十四日。

7. 我曾在以下著作裡講述風險管理如何成為CONTEST反恐戰略的基礎：David Omand, 'What Should be the Limits of Western Counter-Terrorism Policy?', in Richard English (ed.), Illusions of Terrorism and Counter-Terrorism, London : British Academy Scholarship Online, 2016, ch. 4.

8. 分層防禦背後的基本機率概念就是，每一層防禦皆抵制某部分的威脅，藉此將威脅成真的總體機率（每層機率相乘）壓低至可接受範圍。英國職業健康與安全管理局（Health and Safety Executive）曾研究分層防禦如何降低職業危害。請見：Andrew Franks, 'Lines of Defence/Layers of Protection in the COMAH Context' [COMAH : Control of Major Accidents Regulations], London: HSE, 2017, available at https://www.hse.gov.uk/research/misc/vectra3002017r02. pdf, 訪問日期：二〇一九年十二月二十四日。

9. 殼牌石油公司利用各種情境來檢視不同的未來：https://www.shell.com/energyandinnovation/theenergyfuture/scenarios.html, 訪問日期：二〇一九年十二月二十四日。

10. Global Strategic Trends : The Future Starts Today, London : Ministry of Defence, 2016, 網址：https://assets.publishing.service.gov. uk/government/uploads/system/uploads/attachment_data/file/ 771309/Global_Strategic_Trends__The_Future_Starts_Today. pdf, 訪問日期：二〇一九年十二月二十四日。

11. Sir Mark Walport, 'Distributed Ledger Technology : Beyond Blockchain', London: Government. Office for Science, 2016, 網址：https://www.gov.uk/government/news/distributedledgertechnologybeyondblockchain, 訪問日期：二〇一九年十二月二十四日。

12. 根據渥太華大學（University of Ottawa）的研究，自一六六五年以來，全世界共發表了五千萬篇科學論文，而且每年增加二百五十萬篇。請見：http:// blog.cdnsciencepub.com/21stcenturyscienceoverload/, 訪問日期：二〇一九年七月二十八日。

13. 政府通訊總部三位數學家曾發表一篇論文，說明他們花費數年的時間，以循環格為基礎，研發代號SOLILOQUY的抗量子演算法，但最終仍無法抵抗具有合理效率的量子攻擊。請見：https://docbox.etsi. org/workshop/2014/201410_CRYPTO/S07_Systems_and_ Attacks/S07_Groves_Annex.pdf, 訪問日期：二〇一九年七月二十八日。

14. 這是奈特主要著作的結論。Risk, Uncertainty and Profit, Boston and New York: Houghton Mifflin and Co., 1921.

15. Global Trends : the Paradox of Progress, Washington DC : National Intelligence Council, January 2017, https://www.dni.gov/files/ documents/nic/GTFullReport. pdf, 訪問日期：二〇一九年五月八日。

16. 若欲了解本流程，請見英國國會二〇一九年四月二十四日的匯報文件。網址：https://researchbriefings.parliament.uk/ResearchBriefing/Summary/POSTPB0031, 訪問日期：二〇一九年五月九日。

17. ‘UK National Security Strategy’, London, Cabinet Office, 2018.

第五章

1. 本節資訊來自中情局資深歐洲官員的記載：Tyler Drumheller, On the Brink, New York: Avalon, 2006, 以及 Bob Drogin,

Curveball：Spies, Lies and the Con Man Who Caused a War, London：Random House, 2007. 時任中情局副局長約翰．麥克勞夫倫（John McLaughlin）曾說他當時並未接獲關於曲球的可靠度的警告。中情局長喬治．泰內特（George Tenet）補充道：「當初應立即以含有正式紀錄的報告公布疑點，警告情報和政策官員關於曲球的潛在問題。當初也應立即發布第二份正式報告，使其在情報界和政策界廣傳，發給先前曾接獲曲球情資的分析官和政策決策者。當初如果發送這兩份報告，情報界內負責伊拉克大規模殺傷性武器的專家就會有所警惕，明白有問題必須解決。然而，沒有人發出這種報告，也沒有人向我報告這個問題。」George Tenet, At the Center of the Storm, New York: HarperCollins, 2007, p. 377.

2. 請參見以下兩位記者所報導的訪談：Martin Chulov and Helen Pidd, 'Curveball admits', Guardian, 15 February 2011.

3. 根據美國國家情報委員會前主席湯姆．芬加的引述：Tom Fingar, in Reducing Uncertainty, Stanford: Stanford University Press, 2011, p. 33.

4. Tenet, At the Center of the Storm, p. 333.

5. Richards J. Heuer, Jr, The Psychology of Intelligence Analysis, [Washington DC]: CIA Center for the Study of Intelligence, 1999, ch. 3, 網址：https://www.cia.gov/library/center-for-the-study-of-intelligence/csi-publications/books-and-monographs/psychology-of-intelligence-analysis/PsychofIntelNew.pdf.

6. 來源：Eyal Pascovich, 'The Devil's Advocate in Intelligence: The Israeli Experience', Intelligence and National Security, 33:6, 2018, pp. 854–65.

7. 例如威爾弗雷德．拜昂博士（Dr Wilfred Bion, DSO）的開創性研究。一戰期間，拜昂服役於戰車部隊。二戰期間，他為住院官兵提供新式團體治療Wilfred Bion, Experiences in Groups, London : Tavistock/Routledge, 1961, pp. 11–26.

8. 學界有大量關於認知偏誤的實驗文獻。維基百科的條目列出超過一百種不同的認知偏誤、社會偏誤和記憶偏誤。若欲深入了解，可用以下著作及其參考文獻作為起頭：M. G. Haselton, D. Nettle and P. W. Andrews, 'The Evolution of Cognitive Bias', in D. M. Buss (ed.), The Handbook of Evolutionary Psychology, Hoboken, NJ: John Wiley & Sons Inc., 2005, pp. 724–46.

9. 普遍認為，認知失調和僵固或威權性格有極大的關聯，而這些性格最有可能源於早期童年經驗。曾有人對歷史決策進行案例研究，探討英國軍事和海軍指揮官拒絕承認自己有可能犯錯，並因此釀成大禍：Norman F. Dixon, The Psychology of Military Incompetence, London : Jonathan Cape, 1976.

10. 尼克爾探討七個案例：蘇聯入侵捷克斯洛伐克（1968）；埃及/敘利亞入侵以色列（1972-1973）；中國攻擊越南（1978-1979）；伊拉克攻擊伊朗（1979-1980）；蘇聯攻擊伊朗（1980）；蘇聯介入波蘭（1980-1981）。尼克爾的報告經過英國聯合情報委員會官方史學家、倫敦國王學院教授麥克．古德曼（Mike Goodman）的檢驗。請參見：Michael Goodman, 'The Dog That Didn't Bark: The Joint Intelligence Committee and Warning of Aggression', Intelligence and National Security, 7:4, 2007, pp. 529–51.

11. Goodman, 'The Dog That Didn't Bark', p. 1.

12. BBC1, The Thatcher Years, part 2, broadcast 13 October 1993 (as pointed out to me by Lord Hennessy).

13. Ted Morgan, Valley of Death, New York: Random House, 2010, p. 641.

14. Patrick Porter, Military Orientalism : Eastern War through Western Eyes, London: Hurst, 2009, p. 198.

15. 若欲了解堅忍行動的情報基礎，可參見以下兩本權威著作：British Intelligence in the Second World War, vol. 5: Michael Howard, Strategic Deception, London: HMSO, 1990, p. 103，以及這本精彩的著作：Ben Macintyre, Double Cross, London: Bloomsbury, 2012, p. 173。Antony Beevor, D-Day: The Battle for Normandy, London : Viking, 2009則以軍事史學家的角度評估堅忍行動對諾曼地登陸和往後戰事的影響。

16. Robin Butler, Review of Intelligence on Weapons of Mass Destruction, London: HMSO, 2004, p. 159.

17. Dixon, Psychology of Military Incompetence, pp. 164-6.

18. Charles S. Robb and Lawrence H. Silberman (cochairs), The Commission on the Intelligence Capabilities of the United States Regarding Weapons of Mass Destruction, Washington DC: US Government, 31 March 2005, p. 47, 網址：http://govinfo.library. unt.edu/wmd/about.html, 訪問日期：二〇一九年十二月二十四日。

19. Reginald V. Jones, Reflections on Secret Intelligence, London: Mandarin, 1989, p. 134. 瓊斯稱此為「克羅法則」）

20. 網址：https://www.youtube.com/watch?v=vJG698U2Mvo, 訪問日期：二〇一九年十二月二十四日。

21. 古希臘一種記憶心法便以此為基礎。如果要記住一段長篇演說，可以將每項重點連結至一個令人印象深刻或極為特別的物件或地點，例如家裡的一件傢俱或畫像。在心中走過自己的房屋，就可以一一想起各項演說重點（如果逆向走過房屋，便能反過來從最後一點講到第一點）。此心法於文藝復興晚期被人重新發現，成為占星師和祭司常用的神秘技術。Frances Yates, The Renaissance Art of Memory, London : Peregrine Books, 1969, ch. 5.

22. Butler, Review of Intelligence on Weapons of Mass Destruction, p. 125.

23. CIA, 'Report of a Seminar on Bias in Intelligence Analysis', Langley, Va.: CIA Library, 1977, 網址：https://www.cia.gov/library/readingroom/document/ciardp8000630a0003000300014, 訪問日期：二〇一九年十二月二十四日。

第六章

1. 本段所述之資訊取自若干來源。這些來源對安格頓褒貶參半，多數作者認為費爾比事件（Philby affair）爆發後，安格頓便開始對特務滲透懷有偏執的妄想。Tom Mangold, Cold Warrior. James Jesus Angleton: The CIA 's Master Spyhunter, New York: Simon and Schuster, 1991. David C. Martin, Wilderness of Mirrors: Intrigue, Deception and the Secrets That Destroyed Two of the Cold War's Most Important Agents, Boston : Lyons Press, 1983. Jefferson Morley, The Ghost: The Secret Life of CIA Spymaster James Jesus Angleton, New York: St Martin's Press, 2017. David Wise, Molehunt: The Secret Search for Traitors That Shattered the CIA, New York: Random House, 1992. Ray S. Cline, Secrets, Spies and Scholars, Washington DC: Acropolis Books, 1976, p. 198.

2. 二十委員會（Twenty Committee，以羅馬數字表示即為XX，故稱雙十字）透過德國的雙重間諜釋出真偽混雜的情資，將真實的資訊（根據評估，德軍已經掌握或能輕易推導的資訊），混以關鍵的假資訊，期望德軍最高指揮部會信以為真。二十委員會的主席為牛津大學史學家約翰．塞西爾．麥斯特曼（John Cecil Masterman）。

3. 費爾比的舉動導致英國駐華府大使館辦公處長唐納．麥克琳（Donald Maclean）與其外交官同事蓋伊．伯吉斯（Guy Burgess）躲過英國政府的耳目，搭機叛逃至莫斯科。他們是劍橋前間諜中前兩名遭到揭穿的特務，令英國蒙羞。

4. Ben Macintyre, A Spy among Friends, New York: Random House- Crown, 2014, ch. 10，以費爾比的觀點描述費爾比和安格頓之間的關係。

5. 若干安格頓的同事直到最後依然堅信諾申科是雙重間諜。Tennent H. Bagley, Spymaster, New York: Skyhorse, 2013, ch. 14 列出諾申科說法中不一致之處。根據他人解釋，這些不一致乃是出於錯誤、誤解或誤譯。請參見中情局註銷密等後所公布的內部報告：CIA, 'A Fixation on Moles', Studies in Intelligence, vol. 55, no. 4, December 2011，密等註銷日期：二〇一三年八月二十一日。Clarence Ashley, CIA Spymaster, Gretna, La.: Pelican Publishing, 2004, chs. 10–15; and Michael J. Sulick, American Spies: Espionage against the United States from the Cold War to the Present, Washington DC: Georgetown University Press, ch. 6.

6. 請參見：Richard H. Rovere, Senator Joe McCarthy, Berkeley and Los Angeles : University of California Press, 1959, and Ellen Schrecker, The Age of McCarthyism: A Brief History with Documents (2nd edn), New York : Palgrave Macmillan, 2002.

7. 萊特在自傳中為自己的所為辯護。Peter Wright, Spycatcher, New York: Viking, 1987, ch. 14.

8. 尤其是Chapman Pincher, Their Trade is Treachery, London: New English Library, 1981

9. Vasili Mitrokhin and Christopher Andrew, The Mitrokhin Archive, London: Allen Lane, 1999, pp. 528–9. 德萊堡案的部分請見pp. 522–6.

10. 在這場著名的演講中，蓋茨克大汗淋漓地宣示反對裁撤支持者，並誓言會奮鬥到底拯救他鍾愛的政黨。

11. Michael Shermer, ‘The Conspiracy Theory Detector’, Scientific American, vol. 303, issue 6, December 2010.

12. 此陰謀論起源於皇家空軍溫特博丹（WinterBotham）上校一九七四年的回憶錄《The Ultra Secret》。溫特博丹的記憶發生錯誤，誤以為恩尼格瑪揭露德軍的目標是科芬翠。其實，恩尼格瑪的通訊（現存於英國國家檔案館）並無提及目標。空軍參謀假定德軍的目標是倫敦。關於這場空襲的真實紀錄，請見：F. H. Hinsley et al., British Intelligence in the Second World War, vol. 1: Its Influence on Strategy and Operations, London : HMSO, 1979, pp. 316-17, and examined again by Martin Gilbert, Churchill 's biographer ; see https://winstonchurchill.org/resources/myths/coventrywhatreallyhappened/, 訪問日期：二〇一九年十二月二十四日。

13. 維基百科的「九一一事件陰謀論」條目列出兩百八十四條參考資料。Michael Powell, ‘The disbelievers’, Washington Post, 8 September 2006這篇摘要引用俄亥俄大學史奎普．浩爾（Scripps Howard）針對一〇一〇名美國人的調查。調查發現三十六%的受訪者懷疑美國政府發動攻擊或是刻意無所作為，十六%的人認為世貿大樓乃是被炸藥摧毀，十二%的人認為五角大廈乃是被巡弋飛彈擊中。

14. 有人以工程的角度反駁他們的論點：Thomas W. Eagar and Christopher Musso, ‘Why Did the World Trade Center Collapse? Science, Engineering and Speculation’, Journal of the Minerals, Metals and Materials Society, 53(12), 2001, pp. 8-11, 網址：https://www.tms.org/pubs/journals/JOM/0112/Eagar/Eagar0112.html, 訪問日期：二〇一九年十二月二十四日。

15. John le Carré, Tinker Tailor Soldier Spy, London: Hodder and Stoughton, 1974, pp. 216-18.

16. Robin Butler, Review of Intelligence on Weapons of Mass Destruction, London: HMSO, 2004, p. 153.

第七章

1. 若欲深入了解英國海軍情報部的時代，請參見這本經典著作：Patrick Beesly, Room 40: British Naval Intelligence 1914-1918, London: Hamish Hamilton, 1982。若欲了解齊默曼電報（Zimmermann telegram）的故事，請參見Barbara Tuchman, The Zimmermann Telegram, New York: Ballantine Books, 1958與John Johnson, The Evolution of British Sigint 1653-1939, London: HMSO, 1997.

2. 惡意資訊（malinformation）、謠言（disinformation）、錯誤資訊（misinformation）的定義請見Claire Wardle and Hossein Derakhshan, Information Disorder: Towards an Interdisciplinary Framework for Research and Policy, Council of Europe report DGI(2017)09.

3. 切爾西．曼寧（原名布萊德利）的傳記請見：Denver Nicks, Private Bradley Manning, WikiLeaks, and the Biggest Exposure of Official Secrets in American History, Chicago: Chicago Review Press, 2012. 與維基解密的連結請見：David Leigh and Luke Harding, WikiLeaks: Inside Julian Assange’ s War on Secrecy, London: Guardian Books, 2011.

4. 史諾登洩密的背景資訊請見：Luke Harding, The Snowden Files, London: Guardian Books, 2014, 和 Edward Lucas, The Snowden Operation: Inside the West’ s Greatest Intelligence Disaster, London: Kindle Single, 2014.

5. Cited in Mark Urban, UK Eyes Alpha, London: Faber and Faber, 1996, p. 67.

6. Antony Beevor, D-Day: The Battle for Normandy, London: Viking, 2009, p. 148.

7. Gill Bennett, The Zinoviev Letter: The Story That Never Dies, Oxford: Oxford University Press, 2018, ch. 7.

8. Vasili Mitrokhin and Christopher Andrew, The Mitrokhin Archive, London: Allen Lane, 1999, pp. 318–19. 克格勃的計劃請見：Boris Volodarsky, The KGB’s Poison Factory: From Lenin to Litvenenko, London : Frontline Books, 2009.

9. 關於全俄羅斯合作社搜查行動的文件請見：Warwick University Modern Records Centre, 網址：https:// warwick.ac.uk/services/library/mrc/explorefurther/digital/russia/arcos/, 訪問日期：二〇一九年十二月二十四日。

10. Ian Beesley, The Official History of the Cabinet Secretaries, London : Routledge, 2017, p. 320.

11. 同上，321頁。

12. 請見下議院圖書館二〇一七年的匯報文件：https://researchbriefings.parliament.uk/ResearchBriefing/ Summary/SN04258, 訪問日期：二〇一九年十二月二十四日。

第八章

1. 戈爾季耶夫斯基在軍情六處的協助下從蘇聯潛逃至英國後撰寫了一本回憶錄：Oleg Gordievsky, Next Stop Execution, London: Macmillan, 1995. 此外，有一本扣人心弦的記述，乃是根據和軍情六處當事人的訪談而寫成：Ben Macintyre, The Spy and the Traitor, London: Viking, 2018.

2. Charles Moore, Margaret Thatcher, vol. 2, London: Allen Lane, 2015.

3. 引用於Macintyre, The Spy and the Traitor, p. 200.

4. 克格勃對雷恩計劃的看法請見Christopher Andrew and Vasili Mitrokhin, The Mitrokhin Archive, vol. 1, London: Allen Lane, 1999, pp. 512–13 and 565–6.

5. 諸多案例請見歐盟戰略通訊工作小組對俄羅斯造謠行動的報告，例如東部戰略通訊小組（EU East Strat-Com Task Force）二〇一九年三月二十八日的#DisinfoReview。

6. 雷根政府的國防部長卡斯帕·溫伯格曾撰寫報告說服國會追加預算以推動美軍現代化。報告標題即為此句。

7. 柴契爾寫給雷根的短箋，於二〇一四年一月交付英國國家檔案館，引用於Macintyre, The Spy and the Traitor, p. 340.

8. 請見美國國家安全檔案資料庫（National Security Archive）關於傑出射手演習的檔案：https://unredacted.com/2013/07/09/president-reagan-meets-oleg-gordievsky-soviet-double-agent-who-reported-danger-of-able-archer-83/, 訪問日期：二〇一九年十二月二十四日。

9. Frederick Kempe, Berlin 1961, New York: G. P. Putnam’ s Sons, 2011, pp. 184–6.

10. Peter Taylor, Brits, London: Bloomsbury, 2001, p. 164. 本書詳盡且深刻地記述英國政府在幕後所從事的活動。這些努力最終使北愛爾蘭開啟和平進程。

11. 和平進程的推動過程請見Jonathan Powell, Great Hatred, Little Room, London: Vintage Books, 2009.

12. Roger Fisher and William Ury, Getting to Yes: Negotiating without Giving In, New York: Random House Business Books, 1981,

率先以BATNA強化談判心理。這是哈佛談判計劃（Harvard Negotiating Project）的一部分（rev. edn with Bruce Patton, 2011），網址：https://www.pon.harvard.edu/daily/batna/translate-your-batna-to-the-current-deal/, 訪問日期：二〇一九年十二月二十四日。

13. Simon Horobin, ‘How one proverb became a recurring part of the Brexit debate’, Prospect Magazine, 7 March 2018. 網址：https://317 Notes and further reading www.prospectmagazine.co.uk/arts-and-books/cake-ism-brexit-linguist-have-your-cake-eat-it-too, 訪問日期：二〇一九年十二月二十四日。

14. 川普的共同作者東尼．史瓦茲曾評論道：「我和川普共同撰寫《交易的藝術》。他現在仍是個充滿恐懼的孩子。」‘I wrote The Art of the Deal with Trump. He’s still a scared child’, ‘Opinion’, Guardian, 18 January 2018, https://www.theguardian.com/global/commentisfree/2018/jan/18/fear-donald-trump-us-president-art-of-the-deal, 訪問日期：二〇一九年十二月二十四日。

15. John Stuart Mill, On Liberty, London: Longmans, Roberts and Green, 1869, ch. 1, ‘Introductory’.

16. 倫理情境是金融業人員訓練的核心。特許證券與投資協會（Chartered Institute for Securities and Investment）的線上誠信測驗考的就是此類情境題。申請人必須通過測驗才能取得倫敦的執照。網址：see https:// www.cisi.org/cisiweb2/cisi-website/integrity-ethics/integritymatters-product-suite, 訪問日期：二〇一九年七月二十八日。

第九章

1. Luc, Raphael and Guillaume Bardin, Strategic Partnerships, London: Kogan Page, 2014, p. 2. 這本書是數一數二確實的戰略性夥伴關係指南，其基礎是盧克．巴丹（Luc Bardan）在BP運用此策略的經驗。我發現他的諸多見解和本章所介紹的情報界案例不謀而合。

2. 英國國家檔案館公開許多創始文件，網址：http://www.nationalarchives.gov.uk/ukusa/，訪問日期：二〇一九年十二月二十四日。這些文件擴充了早期的記述，例如Jeffrey T. Richelson and Desmond Ball, The Ties That Bind: Intelligence Cooperation between the UKUSA Countries, London: Allen and Unwin, 1985.

3. 史學家吉姆．比奇（Jim Beach）在文章裡揭露此故事，請見：‘Origins of the Special Intelligence Relationship? Anglo-American Intelligence Co-operation on the Western Front’ 1917-18’, Intelligence and National Security, 22(2), pp. 229-49.

4. 第一主任丹尼斯頓的傳記於二〇一七年出版，並於政府通訊總部舉辦新書發表會：Joel Greenberg, Alastair Denniston : Code-Breaking from Room 40 to Berkeley Street and the Birth of GCHQ, London: Frontline Books, 2017.

5. Christopher Andrew, The Secret World: A History of Intelligence, London : Allen Lane, 2018, p. 643.

6. 國家安全局的網站公開原始協議與一九五六年的協議：https://www.nsa.gov/newsfeatures/declassified-documents/ukusa/index.shtm，訪問日期：二〇一九年十二月二十四日。

7. Chester L. Cooper, In the Shadow of History, New York: Prometheus Books, 2005.

8. R. Louis Benson and Michael Warner (eds.), Venona, Washington DC: NSA/CIA, 1996.

9. 史諾登事件後，英國副首相授權對監控活動展開調查。我曾和奧諾拉．奧尼爾（Onora O’ Neill）教授（女爵士）共同出席聽證會。她探討信任的論文對我產生深遠的影響：Onora O’ Neill, ‘Linking Trust to Trustworthiness’, International Journal of Philosophical Studies, 2018, 26 :2, pp. 293-300.

10. Michael J. Hayden, Playing to the Edge, New York: Penguin Books, 2017.

11. http://www.nytimes.com/1994/11/11/world/president-orders-end-to-enforcing-bosnian-embargo.html, 訪問日期：二〇一九年十二月二十四日。

12. 一九四二年二月二十五日C32/1信件，Warren F. Kimball, Churchill and Roosevelt : The Complete Correspondence, vol. 1 : Alliance Emerging : October 1933-November 1942, Princeton: Princeton University Press, 2015, p. 371. 該信件最初由路易斯．克魯（Louis Krue）於一九八九年公開（美方留存的版本）。

13. Bradley Smith, The Ultra-Magic Deals and the Most Secret Special Relationship, 1940-1946, Novato, Calif.: Presidio, 1992, p. vii.

14. Bardin, Strategic Partnerships, p. 2.

15. Presidential Policy Directive PPD28, Washington DC: White House, 2014, Section 3(c).

16. 引用於James Bamford, Body of Secrets, New York: Doubleday, 2001, p. 407.

17. 傑克．史特勞喜歡使用內閣辦公廳討論民間緊急事變的做法。此做法後來成為慣例，請見：Jack Straw, Last Man Standing, London: Macmillan, 2012, p. 309.

18. 同上，p. 296。

第十章

1. 接下來的劇情是反烏托邦的小說情節，內容所述之事件不太可能全部一起發生，但每一項元素皆有很可能單獨發生。

2. 《V怪客》本身則改編自艾倫．摩爾（Alan Moore）於一九八一年透過DC Comics出版的圖像小說。

3. 截至二〇一八年，不計已部署的彈頭，俄羅斯持有5250枚庫存核彈頭、除役核彈頭和待拆卸的核彈頭。英國則有一百二十枚部署核彈頭和九十五枚庫存核彈頭。SIPRI Yearbook 2018, Oxford: Oxford University Press, 18 June 2018, 網址：https://www.sipri.org/yearbook/2018, 訪問日期：二〇一九年十二月二十四日。

4. 英國選舉委員會在二〇一二年《Challenging Elections in the UK》報告中表示：「提出選舉呈請之理由並無明確法規定義」，網址：https://www.electoralcommission.org.uk/sites/default/files/pdf_file/Challenging-elections-in-the-UK.pdf, 訪問日期：二〇一九年十二月二十四日。

5. 有人曾對此概念進行探討，結論是我們對此準備不足，恐釀成重大危機：Sean McFate, Goliath, London: Michael Joseph, 2019, pp. 179-93.

6. 全球資訊網基金會於二〇一七年三月十二日發表的公開信：World Wide Web Foundation, 12 March 2017, https://webfoundation.org/2017/03/web-turns-28-letter/, 訪問日期：二〇一九年十二月二十四日。

7. David Omand, 'The Threats from Modern Digital Subversion and Sedition', Journal of Cyber Policy, 2018, 3 :1, pp. 5–23.

8. 有一本著作介紹這種數位行銷和個人資料的新世界：Dominik Kosorin, Introduction to Programmatic Advertising, 2016 Kindle edition。同一位作者亦針對同一主題出版更為進階的著作：Data in Digital Advertising, 2019 Kindle edition。

9. 美國國家情報總監表示，俄羅斯的網路研究社（IRA）是一支位於聖彼得堡的專業網軍。這支網軍與俄羅斯情報機構合作，運用各種假帳號和假身分設計假網路貼文，建立假社群媒體群組。網路研究社的資金來源很有可能是一名普丁的親近盟友，而且和俄羅斯情報機構有關係。二〇一六年俄羅斯採取的干預行動請見：Clint Watts, Messing with the Enemy, New York : HarperCollins, 2018, and Luke Harding, Collusion, London : Guardian Books, 2017.

10. 本節取自美國的官方調查，請見DNI, 'Assessing Russian Activities and Intentions in Recent US Elections', Washington DC, 6 January 2017；Senate Select Committee on Intelligence Report, 'The Intelligence Community Assessment: Assessing Russian Activities and Intentions in Recent U.S. Elections', Washington DC, 3 July 2018；以及特別檢察官羅伯特・穆勒的特別調查：'Report on the Investigation into Russian Interference in the 2016 Presidential Election', Washington DC: Department of Justice, 2019.

11. 'Putin's Asymmetric Assault on Democracy in Russia and Europe: Implications for US National Security', Minority Staff Report for the Committee on Foreign Relations, Washington DC: US Government Publishing Office, 10 January 2018, p. 45.

12. 英國國家廣播公司在部落格上公布披薩門陰謀論的始末：https://www.bbc.co.uk/news/blogstrending38156985, 2 December 2016, 訪問日期：二〇一九年十二月二十四日。

13. Novosti, 15 September 2017, http://ren.tv/novosti/20170915/vysshiy-eshelon-amerikanskih-vlastey-sotryasaet-pedofilskiy-skandal, 訪問日期：二〇一九年七月二十八日。這則報導後來遭到撤除。

14. 國安局長曾在美國軍事委員會上作證，正是本次攻擊屬實，請見：Wired, 9 May 2017, https://www.wired.com/2017/05/nsa-director-confirms-russia-hacked-french-election-infrastructure/, 訪問日期：二〇一九年十二月二十四日。

15. EU Stratcom, the EU East Strategic Communications Task Force, https://euvsdisinfo.eu/disinforeview, 訪問日期：二〇一九年十二月二十四日。

16. Mueller indictment of IRA and others, District of Columbia District Court, 16 February 2018, 18 U.S.C. §§ 2,371, 1349, 1028A, p. 3.

17. David Omand, From Nudge to Novichok, Helsinki : European Centre of Excellence for Countering Hybrid Threats, Working Paper, April 2018.

18. Speech to Reuters by the Prime Minister, Tony Blair, 12 June 2007, 網址：https://uk.reuters.com/article/ukblairspeech/fulltranscriptofblairspeechidUKZWE24585220070612, 訪問日期：二〇一九年十二月二十四日。

19. Daniel Kahneman, Thinking, Fast and Slow, London: Allen Lane, 2011, p. 13.

20. http://www.latimes.com/politics/la-pol-obama-farewell-speech-transcript-20170110-story.html, 訪問日期：二〇一九年十二月二十四日。

21. 源於Kathleen Taylor, Brainwashing: The Science of Thought Control, Oxford : Oxford University Press, 2006, p. 61.

22. Emma Grey Ellis, ‘The Alt-Right are savvy internet users. Stop letting them surprise you’, Wired, 9 August 2018, p. 533.

23. 《華盛頓郵報》（Washington Post）曾發布指南說明這類欺騙技術，網址：https://www.washingtonpost.com/graphics/2019/politics/fact-checker/manipulated-video-guide/, 訪問日期：二〇一九年六月二十六日。

24. 由於這種惡意用途非常危險，軟體組織OpenAI（受伊隆．馬斯克支持的非營利研究組織）選擇不公開詳細的研究發現。Alex Hern, Guardian, 16 February 2019, p. 15.

第十一章

1. William Gibson, Neuromancer, London: Gollancz, 1984, p. 2.

2. Elisa Shearer, ‘Social media outpaces print newspapers in the US as a news source’, Pew Research Center, 10 December 2018, https://www.pewresearch.org/facttank/2018/12/10/social-media-outpaces-print-newspapers-in-the-u-s-as-a-news-source/, 訪問日期：二〇一九年十二月二十四日。

3. Amanda Lenhart, Rich Ling, Scott Campbell and Kristen Purcell, ‘Teens and mobile phones’, Pew Research Center, 20 April

2010, https://www.pewinternet.org/2010/04/20/teens-and-mobile-phones/, 訪問日期：二〇一九年十二月二十四日。

4. 鑑識網路心理學翹楚瑪莉．艾肯（Mary Aiken），請見：Mary Aiken, The Cyber Effect, London: John Murray, 2016, p. 5.

5. 根據英國事實查核機構Full Fact。該機構成立於二〇一七年，背後有喬治．索羅斯（George Soros）和皮耶．歐米迪亞（Pierre Omidyar）的支持：https://fullfact.org/europe/350-million-week-boris-johnson-statistics-authority-misuse/, 訪問日期：二〇一九年十二月二十四日。

6. 白宮新聞秘書尚恩．史派瑟（Sean Spicer）對川普就職典禮的觀禮人數發表言論後，康威對其言論作出評論。錄音：https://www.youtube.com/watch?v=VSrEEDQgFc8，訪問日期：二〇一九年十二月二十四日。

7. David Omand, Securing the State, London: Hurst 2010, p. 191.

8. 蘭德公司的報告：Jennifer Kavanagh and Michael D. Rich, Truth Decay, Santa Monica: RAND, 2018.

9. Robert Trivers, Deceipt and Self-Deception, London: Allen Lane, 2011, ch. 1.

10. J. Carter, J. G. Goldman, G. Reed, P. Hansel, M. Halpern and A. Rosenberg, 'Sidelining science since day one : How the Trump administration has harmed public health and safety in its first six months', Union of Concerned Scientists, 2018, online at https://www.ucsusa.org/sites/default/files/attach/2017/07/sidelining-science-report-ucs-7-2020-17. pdf, 訪問日期：二〇一九年十二月二十四日。

11. Galileo Galilei, 'Letter to the Grand Duchess Christina of Tuscany, 1615'，可透過網路閱讀，網址：https://web.

stanford.edu/~jsabol/certainty/ readings/GalileoLetterDuchessChristina.pdf, 訪問日期：二〇一九年十二月二十四日。

12. Philipp Schmid and Cornelia Betsch, 'Effective Strategies for Rebutting Science Denialism in Public Discussions', Nature Human Behaviour, 24 June 2019, https://doi.org/10.1038/ s41562019- 0632-4.

13. 共產政權垮台後，羅馬尼亞救國陣線委員會暫行統治羅馬尼亞。委員會堅持舉辦審判儀式。

14. 本主張源於Renee DiResta, 'Free speech is not the same as free reach', Wired Ideas, 30 August 2018.

15. UK Parliament, report of the DCMS Committee, Disinformation and Fake News, London, 18 February 2019, available at https://publications.parliament.uk/pa/cm201719/cmselect/cmcumeds/1791/179102.htm, 訪問日期：二〇一九年十二月二十四日。

16. 我們可以用一些標準來評斷洩露秘密的吹哨者：他們是否為了正當的公眾利益而揭露秘密？他們是否採取所有合理措施，盡可能降低秘密洩露對他人造成的傷害？向大眾洩露秘密之前，他們是否已窮盡一切能用的補救管道，包括國會的民主程序？根據倫理，如果他們公開洩露秘密，他們應辭職並承擔後果，而不是為了保住官位而匿名洩密。

17. David Hume, An Enquiry Concerning Human Understanding (1748), Oxford: Oxford University Press, 1999 edn, Section III, p. 102.

國家圖書館出版品預行編目（CIP）資料

頂尖情報員的高效判讀術：立辨真偽、快速反應、精準決策的10個技巧/大衛.奧蒙德(David Omand)著；孔令新譯. -- 初版. -- 臺北市：商周出版：英屬蓋曼群島商家庭傳媒股份有限公司城邦分公司發行, 2021.01
面； 公分
譯自：How spies think : ten lessons in intelligence
ISBN 978-986-477-976-5(平裝)
1.情報 2.資訊管理 3.決策管理
599.72 109021174

BW0759
頂尖情報員的高效判讀術 立辨真偽、快速反應、精準決策的 10 個技巧

原文書名／How Spies Think: Ten Lessons in Intelligence
作　　者／大衛・奧蒙德（David Omand）
譯　　者／孔令新
責任編輯／李皓歆
企劃選書／陳美靜
版　　權／黃淑敏、吳亭儀
行銷業務／周佑潔、王瑜

總 編 輯／陳美靜
總 經 理／彭之琬
事業群總經理／黃淑貞
發 行 人／何飛鵬
法律顧問／台英國際商務法律事務所　羅明通律師
出　　版／商周出版
臺北市 104 民生東路二段 141 號 9 樓
電話：(02) 2500-7008　傳真：(02) 2500-7759
E-mail: bwp.service @ cite.com.tw
發　　行／英屬蓋曼群島商家庭傳媒股份有限公司　城邦分公司
臺北市 104 民生東路二段 141 號 2 樓
讀者服務專線：0800-020-299　24 小時傳真服務：(02) 2517-0999
讀者服務信箱 E-mail: cs@cite.com.tw
劃撥帳號：19833503　戶名：英屬蓋曼群島商家庭傳媒股份有限公司城邦分公司
訂購服務／書虫股份有限公司客服專線：(02) 2500-7718；2500-7719
服務時間：週一至週五上午 09:30-12:00；下午 13:30-17:00
24 小時傳真專線：(02) 2500-1990；2500-1991
劃撥帳號：19863813　戶名：書虫股份有限公司
香港發行所／城邦（香港）出版集團有限公司
香港灣仔駱克道 193 號東超商業中心 1 樓
E-mail: hkcite@biznetvigator.com
電話：(852) 25086231　傳真：(852) 25789337
E-mail：hkcite@biznetvigator.com
馬新發行所／Cite (M) Sdn. Bhd.
41, Jalan Radin Anum, Bandar Baru Sri Petaling, 57000 Kuala Lumpur, Malaysia.
電話：(603) 9057-8822　傳真：(603) 9057-6622　E-mail: cite@cite.com.my

美術編輯／簡至成
封面設計／FE Design 葉馥儀
製版印刷／韋懋實業有限公司
經 銷 商／聯合發行股份有限公司　電話：(02) 2917-8022　傳真：(02) 2911-0053
地址：新北市 231 新店區寶橋路 235 巷 6 弄 6 號 2 樓

■ 2021 年 01 月 12 日初版 1 刷

ISBN　978-986-477-976-5
定價 420 元

城邦讀書花園
www.cite.com.tw

廣 告 回 函
北區郵政管理登記證
台北廣字第 000791 號
郵資已付，免貼郵票

104 台北市民生東路二段 141 號 9F
英屬蓋曼群島商家庭傳媒股份有限公司
城邦分公司

請沿虛線對摺，謝謝！

書號：BW0759　書名：頂尖情報員的高效判讀術　　編碼：

請於此處用膠水黏貼

商周出版

讀者回函卡

謝謝您購買我們出版的書籍！請費心填寫此回函卡，我們將不定期寄上城邦集團最新的出版訊息。

姓名：________________ 性別：□男 □女

生日：西元________年________月________日

地址：________________

聯絡電話：________________ 傳真：________________

E-mail：________________

學歷：□ 1. 小學 □ 2. 國中 □ 3. 高中 □ 4. 大專 □ 5. 研究所以上

職業：□ 1. 學生 □ 2. 軍公教 □ 3. 服務 □ 4. 金融 □ 5. 製造 □ 6. 資訊

□ 7. 傳播 □ 8. 自由業 □ 9. 農漁牧 □ 10. 家管 □ 11. 退休

□ 12. 其他________________

您從何種方式得知本書消息？

□ 1. 書店 □ 2. 網路 □ 3. 報紙 □ 4. 雜誌 □ 5. 廣播 □ 6. 電視

□ 7. 親友推薦 □ 8. 其他________________

您通常以何種方式購書？

□ 1. 書店 □ 2. 網路 □ 3. 傳真訂購 □ 4. 郵局劃撥 □ 5. 其他____

對我們的建議：________________

【為提供訂購、行銷、客戶管理或其他合於營業登記項目或章程所定業務之目的，城邦出版人集團（即英屬蓋曼群島商家庭傳媒（股）公司城邦分公司、城邦文化事業（股）公司），於本集團之營運期間及地區內，將以電郵、傳真、電話、簡訊、郵寄或其他公告方式利用您提供之資料（資料類別：C001、C002、C003、C011等）。利用對象除本集團外，亦可能包括相關服務的協力機構。如您有依個資法第三條或其他需服務之處，得致電本公司客服中心電話02-25007718請求協助。相關資料如為非必要項目，不提供亦不影響您的權益。】

1. C001 辨識個人者：如消費者之姓名、地址、電話、電子郵件等資訊。
2. C002 辨識財務者：如信用卡或轉帳帳戶資訊。
3. C003 政府資料中之辨識者：如身份證字號或護照號碼（外國人）。
4. C011 個人描述：如性別、國籍、出生年月日。

請於此處用膠水黏貼